百合抗病细胞工程育种与实践

张艺萍　王继华　何月秋　主编

科学出版社

北京

内 容 简 介

由尖孢镰刀菌百合专化型(Fusarium oxysporum f. sp. lilii)引起的百合枯萎病是百合切花种植和种球繁育过程中经常发生的主要病害。目前培育并合理利用抗尖孢镰刀菌百合枯萎病的新优品种是防治该病经济有效的方法。百合由于育种周期长，抗病品种选育进展迟缓，利用细胞无性系变异和将病原菌毒素加入培养基中筛选抗病性种质是选育抗病品种的有效手段，但在花卉上的应用较少，而对其抗病机制的深入研究也鲜见报道。本书以筛选抗病无性系为例，主要是通过培养百合细胞无性系并进行尖孢镰刀菌百合专化型毒素粗提液加压筛选获得东方百合品种'卡萨布兰卡'('Casa Blanca')的抗病无性系，同时以正常生长的'Casa Blanca'组培苗即感病无性系为对照，从组织细胞学水平、生理生化水平及分子水平上探讨其抗病机制。

本书可供从事观赏园艺工作的科研工作者、观赏园艺专业的研究生参考。

图书在版编目(CIP)数据

百合抗病细胞工程育种与实践/张艺萍，王继华，何月秋主编.—北京：科学出版社，2019.6

ISBN 978-7-03-061512-1

Ⅰ.①百… Ⅱ.①张… ②王… ③何… Ⅲ.①百合-抗病育种-细胞工程-研究 Ⅳ.①S682.203.6

中国版本图书馆CIP数据核字(2019)第108542号

责任编辑：李 迪 侯彩霞/责任校对：李 影
责任印制：吴兆东/封面设计：刘新新

科学出版社 出版
北京东黄城根北街16号
邮政编码：100717
http://www.sciencep.com

北京虎彩文化传播有限公司 印刷
科学出版社发行 各地新华书店经销

*

2019年6月第 一 版 开本：720×1000 1/16
2019年6月第一次印刷 印张：9 1/4 彩插：3
字数：176 000

定价：98.00元
(如有印装质量问题，我社负责调换)

《百合抗病细胞工程育种与实践》编委会名单

主　　编　　张艺萍　　王继华　　何月秋

副 主 编　　瞿素萍　　汤东生　　杨秀梅

参编人员　　许　凤　　王丽花　　苏　艳

　　　　　　张丽芳　　邹　凌　　唐艺榕

　　　　　　李慧敏　　张　颢　　李绅崇

　　　　　　周旭红　　黎　霞　　杨　维

前　言

百合是深受人们喜爱的花卉作物之一，可以作为切花、盆花、庭院花卉，还可以作为花海布置的主要花卉之一。百合生产占据世界球根花卉第一位，但病虫害问题成为阻碍百合品质的主要因素，其中由尖孢镰刀菌百合专化型（*Fusarium oxysporum* f.sp. *lilii*）引起的百合枯萎病是百合切花种植和种球繁育过程中经常发生的主要病害。目前最经济有效的防治方法是培育和合理利用抗百合尖孢镰刀菌枯萎病的新优品种。由于百合育种周期长，抗病品种选育进展迟缓，利用细胞无性系变异及将病原菌毒素加入培养基中筛选抗病性种质成为选育抗病品种的有效手段。然而，这一方法在花卉抗病育种方面应用较少，加入毒素胁迫提高抗病性的机制研究也鲜见报道。

近十年来，笔者一直致力于百合尖孢镰刀菌枯萎病的研究，收集和评价百合花卉资源的抗病性，培养百合细胞无性系，开展尖孢镰刀菌百合专化型粗毒素胁迫筛选抗病无性系，以正常生长的'卡萨布兰卡'组培苗即感病无性系为对照，从组织细胞学水平、生理生化水平及分子水平上探讨其抗病机制。全书共分为 7 章，即：绪论；百合悬浮细胞系的建立；百合抗尖孢镰刀菌细胞突变系的筛选；百合抗尖孢镰刀菌细胞突变系的组织细胞学抗性；百合抗尖孢镰刀菌细胞突变系的生化抗性；百合抗尖孢镰刀菌细胞突变系的转录组分析；百合抗尖孢镰刀菌细胞突变系的蛋白质组分析。

本书得到了国家自然科学基金项目"百合抗尖孢镰刀菌细胞突变系抗病机制的研究"（31260484）和云南省科技人才和平台计划（2017HB083）的资助和支持，在此特别表示感谢！

在编写过程中，尽管编者已尽最大努力，但限于学术水平及写作水平，不足之处在所难免，敬请读者批评指正并提出宝贵意见，以便今后修正、完善和提高。

著　者

2018 年 11 月

目 录

前言
第 1 章 绪论 ··· 1
 1.1 百合枯萎病 ·· 1
  1.1.1 症状和特点 ·· 1
  1.1.2 病原 ·· 2
  1.1.3 发病规律 ··· 5
  1.1.4 综合防治 ··· 5
 1.2 体细胞无性系诱变筛选抗病种质的相关进展 ································ 8
  1.2.1 体细胞无性系变异 ·· 8
  1.2.2 离体筛选的原理、程序和选择方法 ·· 8
  1.2.3 离体诱变育种 ··· 9
 1.3 百合组织培养研究进展 ·· 14
 1.4 植物细胞悬浮培养技术研究进展 ·· 15
  1.4.1 愈伤组织的诱导 ··· 15
  1.4.2 影响悬浮细胞系建立的因子 ··· 16
 1.5 尖孢镰刀菌抗性机制的研究进展 ·· 17
  1.5.1 尖孢镰刀菌抗性机制的细胞学研究 ····································· 17
  1.5.2 尖孢镰刀菌抗性机制的生理学研究 ····································· 18
  1.5.3 尖孢镰刀菌抗性机制的分子基础研究 ·································· 19
 1.6 尖孢镰刀菌毒素作用机制的研究 ·· 22

第 2 章 百合悬浮细胞系的建立 ·· 25
 2.1 悬浮细胞系的初始建立 ·· 25
 2.2 继代次数与细胞形态之间的关系 ·· 26
 2.3 关于百合细胞悬浮培养的讨论 ·· 26

第 3 章 百合抗尖孢镰刀菌细胞突变系的筛选 ·· 28
 3.1 尖孢镰刀菌百合专化型毒素粗提液的活性和筛选压的确定 ············ 29
  3.1.1 尖孢镰刀菌百合专化型毒素粗提液的活性 ··························· 29
  3.1.2 筛选压的确定 ··· 31
 3.2 百合抗尖孢镰刀菌枯萎病无性系的筛选 ······································ 31
 3.3 百合抗尖孢镰刀菌枯萎病无性系的抗病性鉴定 ··························· 32

3.4 关于筛选抗病无性系的讨论···34
　　3.4.1 真菌毒素及其筛选技术···34
　　3.4.2 突变体的鉴定技术···34

第4章 百合抗尖孢镰刀菌细胞突变系的组织细胞学抗性·············35
4.1 抗病无性系和感病无性系的根部结构·······································35
4.2 抗病无性系和感病无性系在接种以后根部的细胞超微结构变化·······36
4.3 关于抗病无性系组织抗性的讨论··40

第5章 百合抗尖孢镰刀菌细胞突变系的生化抗性·······················41
5.1 抗病无性系和感病无性系的 POD 活性变化·······························42
5.2 抗病无性系和感病无性系的 PAL 活性变化·······························42
5.3 抗病无性系和感病无性系的 PPO 活性变化·······························43
5.4 抗病无性系和感病无性系的 β-1,3-葡聚糖酶活性变化····················44
5.5 抗病无性系和感病无性系的几丁质酶活性变化····························44
5.6 关于抗病无性系生理抗性的讨论··45

第6章 百合抗尖孢镰刀菌细胞突变系的转录组分析···················46
6.1 样品总 RNA 提取质量分析··46
6.2 测序结果统计分析··47
6.3 组装结果统计和评估··50
　　6.3.1 组装结果统计···50
　　6.3.2 组装结果评估···50
6.4 Unigene 的功能注释··52
　　6.4.1 ORF 预测··52
　　6.4.2 SSR 分析···52
　　6.4.3 差异表达基因聚类···52
6.5 SSR 分析···57
6.6 百合抗病无性系和感病无性系及不同接种时间点差异基因分析·······57
　　6.6.1 百合抗病无性系和感病无性系两分组差异基因筛选···············57
　　6.6.2 差异基因功能注释及分类··59
6.7 Q-PCR 验证··64
6.8 关于转录组测序技术旳应用··65
6.9 关于 Unigene 的生物信息学的注释··67
6.10 抗病性相关代谢路径及差异基因分析·····································67
　　6.10.1 寄主植物激素信号转导途径··67
　　6.10.2 寄主植物与病原菌互作···68
　　6.10.3 细胞壁防卫抗病途径···68

第 7 章 百合抗尖孢镰刀菌细胞突变系的蛋白质组分析 ················ 70
7.1 蛋白质双向电泳技术的建立 ·· 71
7.1.1 百合总蛋白质的提取方法 ··· 71
7.1.2 蛋白质定量 ·· 71
7.1.3 蛋白质质量检测 ·· 72
7.1.4 双向电泳 ·· 72
7.1.5 染色及图像采集分析 ·· 72
7.1.6 百合总蛋白质提取方法的比较 ······································· 73
7.1.7 百合总蛋白质双向电泳上样量的优化 ····························· 74
7.1.8 百合总蛋白质除盐时间的优化 ······································· 75
7.2 百合双向电泳差异蛋白质组分析 ·· 76
7.2.1 百合叶片总蛋白质的提取、定量 ···································· 76
7.2.2 差异蛋白点处理及质谱分析 ·· 76
7.2.3 数据库检索 ·· 76
7.2.4 百合抗病无性系和感病无性系的双向电泳图谱分析 ·········· 77
7.2.5 百合抗病无性系和感病无性系的蛋白质功能鉴定及丰度变化分析 ········ 83
7.3 iTRAQ 蛋白质组分析 ··· 83
7.3.1 蛋白质的提取、浓度测定及检测 ···································· 83
7.3.2 iTRAQ 标记分析 ·· 84
7.3.3 差异蛋白分析 ··· 86
7.3.4 GO 功能分类富集分析 ·· 87
7.3.5 代谢途径分析 ··· 90
7.4 关于百合蛋白质提取及双向电泳技术优化的问题 ················ 94
7.5 百合蛋白质双向电泳差异蛋白的抗病性 ····························· 95
7.5.1 光合作用和能量代谢相关蛋白参与百合的防卫反应 ·········· 95
7.5.2 防卫反应相关蛋白是抗病的关键因素 ····························· 96
7.5.3 可能与百合抗病无性系抗病性相关的其他蛋白质 ············· 96
7.6 关于 iTRAQ 蛋白质组分析的问题 ·· 96

参考文献 ·· 98
附表 ·· 116
图版

第1章 绪　　论

据农业部(现农业农村部)种植业管理司公布的 2016 年全国花卉统计数据显示，全国花卉生产总面积为 132.91 万 hm^2，全国花卉销售总额 1616.49 亿元，出口额 5.94 亿美元。其中鲜切花栽培面积 6.46 万 hm^2，销售额 143.51 亿元，出口额 2.83 亿美元。鲜切花中的百合销售单价达 2.45 元/支。据云南省农业厅(现农业农村厅)统计数据显示，2016 年全省花卉栽培面积达 132.5 万亩[①]，花卉总产值达 463.7 亿元，花农的收入达 115 亿元。云南全省鲜切花栽培面积 20.9 万亩、产量 100.6 亿支、产值 68.6 亿元。百合(*Lilium* spp.)是百合科(Liliaceae)百合属(*Lilium*)多年生草本植物。百合是切花、盆栽和庭院绿化的名贵花卉。在园林造景中，适合用于专类园的打造，利用不同系列、自然花期差异及种与品种间花色的变化，可以做到自 5 月中下旬至 8 月中下旬的 3 个月里花开不断。因此，近年来百合的生产和消费呈现逐年增长的趋势。仅 2016 年 1～11 月，昆明斗南花卉批发市场上，百合上市量达 1.3 亿支，均价为 3.97 元/支，可见百合鲜切花很受消费者的欢迎。

我国百合生产规模虽然不断扩大，但由于用于切花生产的百合种球质量参差不齐，加之生产水平和技术落后，病虫害问题一直是制约切花百合质量提升的重要因素之一。由尖孢镰刀菌百合专化型(*Fusarium oxysporum* f. sp. *lilii*)引起的百合鳞茎基盘褐化死亡、鳞片腐烂、从基盘散落、种球品质降低，引起地上部枯萎，鲜切花产量下降，品质降低(潘其云等，2004)。该病在全球百合种植区域内都有发生和为害的报道(Van Heusden et al.，2002)。尖孢镰刀菌是一种在许多作物上引起枯萎、腐烂症状病害的土传病原真菌，很难有效控制，目前筛选抗病性种质是防治尖孢镰刀菌百合枯萎病的有效途径。

1.1　百合枯萎病

1.1.1　症状和特点

百合枯萎病发生时，尖孢镰刀菌从百合的根部或种球基盘的伤口侵入，引起百合肉质根和种球基盘褐化、腐烂，并逐渐向上扩展。鳞片上的病斑呈褐色并凹陷，而后变成黄褐色并逐渐腐烂。后期鳞片从基盘散开而剥落。由感染尖孢镰刀菌百合枯萎病的种球长出的植株明显矮化，受害叶片呈牛皮纸样，植株上的叶片

---

① 1 亩≈666.7m^2

由上而下黄化或变紫，茎秆自下而上逐渐枯萎，最后整个植株枯萎而死（图 1-1）。病株茎秆的维管束变褐。发病严重的则茎基部缢缩易折断。在百合种球贮存及运输的过程中，该病还会持续为害，引起鳞茎腐烂。在湿度大的时候，可在发病部位看到粉红色或粉白色的霉层（边小荣，2016）。

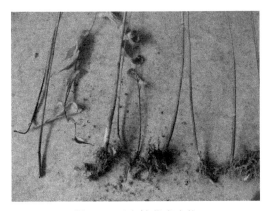

图 1-1 百合枯萎病症状

1.1.2 病原

1.1.2.1 病原菌种类

百合枯萎病的主要病原真菌是尖孢镰刀菌百合专化型（*F. oxysporum* f. sp. *lilii*）（图 1-2），其次还有茄腐皮镰刀菌（*F. solani*）、串珠镰刀菌 [*F. moniliforme*，新命名为拟轮枝镰孢菌（*F. verticilliodes*）]、三线镰刀菌（*F. tricinctum*）、烟草镰刀菌（*F. tabacinum*）、禾谷镰刀菌（*F. graminearum*）（王祥会等，2005；杨秀梅等，2010a；叶世森等，2005；赵彦杰，2005）。

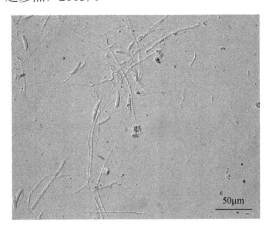

图 1-2 尖孢镰刀菌百合专化型的形态特征

大量研究发现，百合枯萎病的病原真菌是一个致病菌的群体，并且不同区域的病原真菌并不完全相同，然而都会有一个主要的致病菌。有学者报道，兰州百合的枯萎病病原真菌是尖孢镰刀菌(F. oxysporum)、串珠镰刀菌[F. moniliforme，新命名为拟轮枝镰孢菌(F. verticilliodes)]和茄腐皮镰刀菌(F. solani)，但主要的致病菌是尖孢镰刀菌(F. oxysporum)(李诚等，1996)。还有学者发现龙牙百合枯萎病的病原真菌是尖孢镰刀菌和茄腐皮镰刀菌，但主要的致病菌是尖孢镰刀菌(朱海燕，2012)。还有学者认为多种镰刀菌(Fusarium ssp.)真菌都能引起百合枯萎病(毛军需和李有，2007)。

1.1.2.2 病原菌的形态特征

尖孢镰刀菌：菌丝呈绒状，色洁白且丰厚，在马铃薯蔗糖琼脂(potato sucrose agar，PSA)培养基上生长4天的菌落直径为3.1cm，产孢细胞短，单瓶梗，培养物牵牛紫色。小型分生孢子为卵圆形，数量较多，其大小为(4.2~11.1)μm×(2.5~3.4)μm。大型分生孢子为月牙形，稍弯，向两端均匀变尖，一般3~5隔，多数3隔，大小为(12.3~37.0)μm×(3.0~6.0)μm。厚垣孢子多球形，直径为9.4~13.5μm。间生或顶生，未见有性阶段(赵彦杰等，2005)。

茄腐皮镰刀菌：气生菌丝绒状，黄色，菌落繁茂。在PSA培养基上生长4天的菌落直径为3.7cm。产孢细胞长，单瓶梗。小型分生孢子为长椭圆形或长卵圆形，其数量较多，大小为(5.5~12.3)μm×(2.8~4.0)μm。大型分生孢子镰刀形，两端较钝，顶胞稍尖，多半为3隔，大小为(13.0~42.3)μm×(4.0~7.0)μm。厚垣孢子多为球形，表面粗糙或光滑，直径在7.0~9.2μm，顶生或间生，未见有性阶段(赵彦杰等，2005)。

禾谷镰刀菌：病原菌菌落红色，边缘整齐，菌丝白色，棉絮状，大型分生孢子镰刀形，稍弯曲，一般3~5隔，多数为3隔，3隔的大小为(26.7~31.7)μm×(2.7~4.0)μm。小型分生孢子椭圆形，0~1隔，大小为(2.8~10.0)μm×(1.8~3.8)μm。

三线镰刀菌：病原菌菌落红色边缘整齐，大型分生孢子镰刀形，稍弯曲，一般1~2隔，多数为2隔，分生孢子的大小为(11.8~20.4)μm×(2.4~4.1)μm。小型分生孢子椭圆形，大小为(4.1~8.6)μm×(1.1~3.8)μm。

烟草镰刀菌：病原菌菌落白色，边缘整齐，棉絮状，大型分生孢子棒状，一般3~5隔，3隔的大小为(10.4~16.3)×(3.1~6.3)μm。小型分生孢子椭圆形，0隔，大小为(5.9~8.4)μm×(2.1~4.4)μm。厚垣孢子多为球形。

1.1.2.3 生物学特性

尖孢镰刀菌：朱茂山和关天舒(2007)研究了尖孢镰刀菌百合专化型的生物学特性，发现该菌可以在很多种培养基上生长，其中最利于尖孢镰刀菌菌丝生长的培养基是马铃薯麦芽糖琼脂(potato maltose agar, PMA)培养基, 分生孢子在玉米培养基、高氏培养基、马铃薯蔗糖琼脂培养基、马铃薯葡萄糖琼脂培养基、察氏培养基及马铃薯麦芽糖液体培养基中萌发较好。最适宜尖孢镰刀菌菌丝生长的温度为25~30℃, 而适合分生孢子萌发的温度为20~30℃。黑暗有利于尖孢镰刀菌分生孢子的萌发和菌丝的生长。以相同浓度的碳源、氮源及微量元素进行培养基的筛选, 结果发现蔗糖、果糖、葡萄糖和麦芽糖4种碳源更有利于促进尖孢镰刀菌菌丝的生长, 但以麦芽糖和果糖为碳源时, 尖孢镰刀菌分生孢子的萌发率最高; 最有利于菌丝生长的氮源是蛋白胨, 以硝酸钠、蛋白胨、天冬酰胺及尿素为氮源时, 分生孢子的萌发率较高; 微量元素中, 硫酸镁可以很好地促进尖孢镰刀菌菌丝生长, 硫酸锌能更好地促进尖孢镰刀菌分生孢子萌发。在中性条件即 pH 7.0 及略偏碱性条件下, 菌丝的生长和分生孢子的萌发都是最好的。魏志刚(2014)则发现尖孢镰刀菌菌丝的生长、产孢的数量和分生孢子的萌发均在 20~30℃下较好, 特别是在 30℃下最好; 中碱环境下菌丝生长较快, 而酸性环境下较适于产孢和孢子萌发, 其中 pH 6.0 的条件下产孢量最大, pH 4.0 的条件下孢子萌发率最高; 以 2%浓度的不同碳源进行筛选实验, 结果发现利用甘油时菌丝生长最快, 利用可溶性淀粉时产孢量最大, 利用甘露醇时孢子萌发率最高; 以 1%的氮源进行筛选实验, 结果发现有机氮源比无机氮源更有利于尖孢镰刀菌的生长、产孢及孢子的萌发, 其中利用甘氨酸时尖孢镰刀菌的菌丝生长最快, 利用蛋白胨时产孢量最大, 尖孢镰刀菌分生孢子萌发率也最高; 不同光条件处理对病原菌影响不大, 其各项指标皆无显著性差异。边小荣(2016)以相同浓度的不同氮源和碳源筛选最佳的培养基, 结果发现在以硝酸钾为氮源的培养基上尖孢镰刀菌生长最快, 5 天后菌落直径大小为 4.87cm; 以硝酸铵为氮源时, 尖孢镰刀菌的产孢量最多, 7 天后测得产孢量为 $0.82×10^6$ cfu/mL; 在以蔗糖为碳源的培养基上, 尖孢镰刀菌生长最快, 分生孢子的产孢量最大; pH 为 4~8 时, 菌丝都可以生长, 但尖孢镰刀菌菌丝生长和产孢的最适 pH 为 8.0; 40℃时菌丝停止生长, 菌丝生长和产孢的最适温度都是 30.0℃, 分生孢子的致死温度为 60.0℃下 5min。

茄腐皮镰刀菌: 以相同浓度的不同氮源和碳源筛选茄腐皮镰刀菌最佳的培养基。菌丝生长的最佳氮源是硝酸钾, 其菌落直径为 3.50cm, 在以尿素为氮源时, 茄腐皮镰刀菌分生孢子的产孢量最大, 为 $1.82×10^6$ cfu/mL; 在以蔗糖为碳源的培养基上, 茄腐皮镰刀菌生长最快, 分生孢子的产孢量最多; 茄腐皮镰刀菌菌丝生长的 pH 是 4~8, 菌丝生长和产孢的最适 pH 均为 8.0; 在 40.0℃时, 茄腐皮镰刀菌停止生长, 而菌丝生长和产孢的最适温度都是 30.0℃(边小荣, 2016)。

禾谷镰刀菌: 以相同浓度的不同氮源和碳源筛选禾谷镰刀菌最佳的培养基。菌丝生长的最佳氮源是硝酸铵, 其菌落直径为 3.31cm, 其次是以硝酸钾为氮源时, 其菌落直径为 2.92cm, 且禾谷镰刀菌的产孢量最大, 为 $0.09×10^6$ cfu/mL; 禾谷镰刀菌菌丝生长的 pH 范围是 4~8，菌丝生长和产孢的最适 pH 都是 8.0；禾谷镰刀菌 40.0℃时停止生长，菌丝生长的最适温度是 30.0℃(边小荣，2016)。

三线镰刀菌：以相同浓度的不同氮源和碳源筛选三线镰刀菌最佳的培养基。在以硝酸钾为氮源时，三线镰刀菌生长得最好，菌落直径为 3.99cm，产孢量为 9.73×10^6 cfu/mL；在以蔗糖为碳源时，三线镰刀菌的产孢量最多，为 0.97×10^6 cfu/mL；三线镰刀菌菌丝生长的 pH 范围是 4~8，菌丝生长和产孢的最适 pH 都是 8.0；三线镰刀菌 40.0℃时停止生长，菌丝生长和产孢的最适温度都是 30.0℃(边小荣，2016)。

烟草镰刀菌：以相同浓度的不同氮源和碳源筛选烟草镰刀菌最佳的培养基。烟草镰刀菌在以硝酸钾为氮源的培养基上菌落直径为 1.77cm，产孢量为 5.13×10^6 cfu/mL；在以蔗糖和葡萄糖为碳源的培养基上，产孢量为 0.25×10^6 cfu/mL；在 pH 为 4~8 的条件下，烟草镰刀菌的菌丝都可以生长，但菌丝生长和产孢的最适 pH 都是 8.0；烟草镰刀菌产孢的最适温度为 25.0℃(边小荣，2016)。

1.1.3 发病规律

百合枯萎病的病原真菌尖孢镰刀菌百合专化型，主要以菌丝体、厚垣孢子、菌核在百合种球内或随着病残体在种植百合的土壤或基质中越冬，成为翌年主要的初侵染来源(郑思乡等，2014)。翌年气候条件适合时，病原菌便开始活动，一般 5 月中旬左右开始发病，6 月上旬发病植株的数量逐渐增多，6 月中旬达到发病高峰，6 月下旬大量百合植株枯萎死亡。7~8 月该病仍在持续发生，采收后的百合种球还会继续发病。

百合为耐旱喜光的花卉，高温、湿度大、排水不好、过多施用氮肥、通风不畅、土壤偏酸等因素都为百合枯萎病的发生创造了有利条件(杨贺和朱茂山，2013)。

1.1.4 综合防治

1.1.4.1 选育抗尖孢镰刀菌的百合新品种

防治百合尖孢镰刀菌枯萎病较好的措施是选育和合理利用抗病品种。选育抗病品种的首要步骤就是筛选抗病性种质资源。有学者研究发现东方百合的抗病性最弱，麝香型百合的抗病性次之，而亚洲型百合的抗病性最强(Straathof and Van Tuyl，1994)。张丽丽(2013)研究发现不同的百合品种对枯萎病的抗病性存在显著差异。其中，山丹(*Lilium pumilum* DC.)、'普瑞头'('Purito')为高抗品种(种)；卷丹(*L. lancifolium*)、'索邦'('Sorbonne')、'白色天堂'('White heaven')均为中抗品种(种)，'西伯利亚'('Siberia')为中感品种(种)，有斑百合(*L. concolor* var. *buschianum*)为高感品种(种)。杨秀梅等(2010b,2012)采取鳞片接种法对 36 个百合栽培种及 5 个百合野生种进行尖孢镰刀菌百合专化型(*F. oxysporum* f. sp. *lilii*)接种鉴定,以便筛选抗性优异资源,其中高抗品种(种)有 12 个,中抗品种(种)17 个;中感品种(种)7 个,高感品种(种)4 个。詹德智(2012)以附加尖孢镰刀菌毒素粗提液的 MS 培养基为筛选平台,对百合属 20 个品种(种)的百合试管苗进行尖孢镰刀菌枯萎病的抗病性鉴定试验,筛选出高抗病性种质 5 个,中抗病性种质 5 个;中感病性种质 6 个,高感病性种质 4 个。

在抗尖孢镰刀菌的百合新品种选育研究中,有学者发现病原菌不能适应抗病性寄主,因此获得具有持久抗病性的品种是有可能的。毛百合(*L. dauricum* Ker Gawl.)是抗尖孢镰刀菌百合枯萎病的野生种,以麝香百合(*L. longiflorum* Thunb.)为母本,毛百合为父本,杂交后获得的子代中,有部分个体具有与毛百合相同的抗病性,由此认为毛百合可以作为抗尖孢镰刀菌百合枯萎病育种的亲本之一。目前仍然没有弄清楚尖孢镰刀菌抗病性在麝香百合基因组中的渐渗现象(Straathof et al., 1996)。岷江百合(*L. regale* Wilson.)的抗病性非常好(Löffler et al., 1996),很多学者都试图将岷江百合的抗病性引入百合栽培种。饶建(2013)利用抑制消减杂交(suppression subtractive hybridization,SSH)技术和基因芯片(gene chip)技术对岷江百合响应尖孢镰刀菌的分子机制进行了初步研究,并对其中的一个抗病性相关转录因子进行了克隆和表达特性分析。泸定百合(*L. sargentiae* Wilson.)也具有较好的抗病性,杨嫦丽等(2014)构建了其试管苗叶片经尖孢镰刀菌诱导后的 SSH 文库,从中筛选到了尖孢镰刀菌百合枯萎病的抗病性相关基因。

百合抗病品种选育需经历一个长达 10 年的周期,且在杂交子代的筛选和开花种球的繁育过程中还需要反复鉴定其抗病性。自 Imle(1942)描述了尖孢镰刀菌之后,对百合植株和种球中尖孢镰刀菌的检测方法及抗病性研究就在不断地深入。荷兰瓦格宁根植物育种和繁殖研究中心(现荷兰瓦格宁根植物研究中心,the Center for Plant Breeding and Reproduction Research,CPRO-DLO; Wageningen Plant Research,PRI)的学者最早建立了鳞茎检测法、小珠芽监测法(Smith and Maginnes,1969; Van Tuyl,1980),之后他们又分别对其进行了优化(Löffler and Mouris,1989; Straathof and Van Tuyl, 1990),使这两种方法成为尖孢镰刀菌监测的主要技术方法。大量的研究证实不同的百合个体和百合不同的生长时期对尖孢镰刀菌的抗病性差异十分显著。荷兰农科院植物育种研究所已经开发了 1 个随机扩增多态性 DNA(random amplified polymorphic DNA,RAPD)分子标记体系,将尖孢镰刀菌抗病性进行分子标记;用与镰刀菌水平抗性位点连锁的 RAPD 标记来分析亚洲百合抗性,将与百合抗尖孢镰刀菌的位点定位到了染色体上。利用这一分子标记可进行早期尖孢镰刀菌百合枯萎病的抗病性鉴定(Ahn et al., 2003; Straathof et al., 1996)。这能缩短选育百合抗病品种的时间和提高定向筛选抗病性的效率。

1.1.4.2 农业防治

地块的选择、排水、灌溉、施肥等农业措施都与百合枯萎病的发生紧密相关。百合尖孢镰刀菌枯萎病的农业防治措施主要有：选择地势平坦的地块种植百合，并注意开沟排水，避免积水。大棚栽培的百合要注意大棚内通风良好并保持百合叶片的干燥。在浇水和施肥时注意不要将水、肥溅到百合的叶片上，避免淋浇。适时适量灌溉，避免过湿或积水。

1.1.4.3 化学防治

化学防治措施主要有土壤消毒、种球消毒等。叶世森和林芳(2007)发现种植百合前先对土壤消毒和种球消毒可有效地预防百合尖孢镰刀菌枯萎病初侵染的发生，采用10%苯醚甲环唑水分散粒剂1000倍液防治百合尖孢镰刀菌枯萎病有较好的效果。梁巧兰等(2004)报道了防治百合枯萎病效果好的药剂有50%多菌灵可湿性粉剂、70%甲基布布津可湿性粉剂及抗真菌药剂的复配剂等。邹一平等(2006)发现治萎灵含有的水杨酸可加强百合的抗病性，且防治百合枯萎病的效果明显比多菌灵好很多。李润根等(2016)发现广清、绿群、洛菌腈、氟硅唑抑菌效果明显强于其他药剂。安智慧等(2010)发现40%菌核净可湿性粉剂防治百合枯萎病效果最好。朱茂山等(2010)发现多菌灵、霉灵对尖孢镰刀菌菌丝的生长和分生孢子萌发抑制作用最强。

1.1.4.4 生物防治

生物防治是控制百合尖孢镰刀菌枯萎病较好的防治措施，并且是当下主导的综合防治措施之一。用于尖孢镰刀菌生物防治的种类主要有真菌、植物提取物、放线菌、细菌、抗生素等。

用于生物防治的真菌中研究且应用较多的是淡紫拟青霉(*Paecilomyces lilacinus*)、木霉属(*Trichoderma*)真菌、丛枝菌根(*Arbuscular mycorrhize*，AM)真菌等(刘新月等，2008)。目前已经报道的用于防治尖孢镰刀菌枯萎病的生防真菌主要有绿色木霉(*T. viride*)、哈茨木霉(*T. harzianum*)、拟康氏木霉(*T. pseudokoningii*)等(李宏科，1998；柳春燕等，2005)。

在植物提取物防治尖孢镰刀菌枯萎病的研究方面，有学者发现紫茎泽兰液、沼液及其两者的混合液对百合尖孢镰刀菌枯萎病都有较好的防治效果，但是紫茎泽兰液防治尖孢镰刀菌百合枯萎病的效果比沼液的好。从两者混合液的防治效果来看，紫茎泽兰液可加强沼液对尖孢镰刀菌的抑制(李丽等，2007)。韩玲等(2010)发现枯草芽孢杆菌能有效抑制尖孢镰刀菌菌丝的生长，减少其孢子的萌发。

1.2 体细胞无性系诱变筛选抗病种质的相关进展

体细胞无性系变异在植物组织培养过程中是广泛发生的，其在作物育种工作中的作用也显得愈发重要。体细胞无性系变异联合诱变育种、分子育种等都称为体细胞无性系变异复合育种技术，其中以联合诱变育种技术，即离体诱变育种的应用最为普遍，并获得了很多好的结果。采取该技术，不但能提高诱变的频率，还能方便快捷地实现诱变(陆柳英等，2007)。该技术手段已被普遍应用于作物育种中，并培育出了许多抗病、抗寒、耐盐等新优品种。

1.2.1 体细胞无性系变异

Larkin 和 Scowcroft 等(1981)将体细胞无性系(somaclone)定义为任何形式的细胞培养所获得的再生植株，并提出了体细胞无性系变异(somaclonal variation)这一概念，即通过无性繁殖方式产生的子代群体中发生的变异。体细胞无性系变异在植物组织培养过程中是广泛发生的，且它的发生没有植物的种属特异性，几乎所有的植物都能发生且已广泛应用，如在辣椒(黄炜等，2007)、葡萄(马兵刚等，2001)、欧美杂杨(詹亚光等，2006)、小黑麦(王小军和鲍文奎，1998)、大麦(Devaux and Steven，1993)等作物的育种中都已应用，主要涉及形态方面(如根、茎、叶、花、果实等)、生理方面(如成熟期、抗病性、作物生长势、抗逆性等)、品质方面(如主要营养成分含量、外观等)的生物性状(朱晋云等，2006；韩晓光等，2005；Sint et al.，1997；刘艳妮和王飞，2010)。随着研究的深入，体细胞无性系变异及在作物育种中的应用取得了更大的进展，成为继大、小孢子培养之后植物种质创新及新品种培育的一种新手段。

1.2.2 离体筛选的原理、程序和选择方法

离体筛选就是在离体培养条件下，利用微生物学的研究方法，以植物细胞为对象，在特定的条件下分离突变体(Amato，1985；Phillips et al.，1994)。与常规育种方法相比，离体筛选具有以下优点：①可以获得广泛的变异类型，甚至产生自然界尚未发现的突变，为抗病选择提供遗传基础；②可以在较小空间内培养和处理大量细胞；③在细胞水平上直接诱发与筛选突变体，是高等植物抗性育种微生物化的一种尝试，易于从单倍体细胞选出隐性突变，经加倍成二倍体或多倍体，较快地得到纯合稳定的抗病材料；④在人工控制条件下体外定向选择，易于进行同位素示踪、半微量分析等试验，不受地区与季节限制；⑤可以从细胞、组织及整株水平上进行生化、遗传及抗病机制的研究(李晓玲等，2008；丰先红，2010)。

据报道，高水平筛选压可诱发抗性变异，培养的细胞对培养环境条件很敏感，

也易发生多种变异(平文丽和杨铁钊,2005)。离体培养中的这些变异即为抗性突变体变异的基础。将培养物置于含致病毒素的选择培养基上,对相应毒素有抗性的细胞或细胞团就会生存下来,而敏感者则死亡。当毒素浓度较低时,毒素也可能作用于那些不具有抗性的细胞或细胞团,使其向着所需要的表型和基因型漂变,经多代选择培养后就可能获得抗病细胞系(周嘉华,1983)。

利用毒素进行突变体选择需以下程序:①建立无性系:诱导外植体产生愈伤组织或者游离原生质体,为进行离体培养建立起无性系。至于用何种外植体,用固体培养或悬浮培养体系应视不同植物,不同基因型的材料而定。②创造变异体系:细胞培养物在继代培养过程中本身会积累变异,利用理化诱变剂处理外植体或培养物,以提高突变效率。③突变体的选择:突变体的选择应在愈伤组织或细胞水平上进行。

目前,突变体选择的方法有两种:①正选择法;②负选择法。所谓正选择法是指在培养基中加入对正常细胞有毒害的化合物,使正常细胞不能生长而只有突变体才能生长,从而筛选出细胞突变体。相反,所谓负选择法则是在某种培养基中只有正常细胞才能生长而突变体不能生长。正选择法更为常用,用正选择法筛选抗性突变体时,不同类型的突变体可采用不同的方法:一步筛选法与多步筛选法。一步筛选法是指只需一次选择就可以筛选出突变体,这种方法所选出的突变体一般是单基因突变。多步筛选法是指需要多次选择才能筛选出突变体,所选出的突变体一般是多基因突变。

1.2.3 离体诱变育种

随着植物组织培养技术的不断发展,诱变育种技术的应用越来越受到研究者的重视。很多研究工作者都选择体细胞无性系变异联合诱变育种技术,简称为离体诱变育种。离体诱变育种技术是研究者利用化学诱变剂或物理诱变因素使植株发生可以遗传的变异,再经过多代培育,而后选择出有利用价值突变体的一种育种技术(徐冠仁,1996),它与体细胞无性系变异联合应用,不仅扩大了变异的范围和提高了变异的概率,而且还可在培养基中加入特定的筛选压进行离体筛选,这样就弥补了体细胞无性系变异在非定向诱变上的不足,从而提高选择效率(刘进平和郑成木,2006)。此外离体诱变育种技术还具有诱变材料小、容易吸收物理诱变剂和化学诱变剂、不局限于环境条件、可大大降低常规诱变技术中产生嵌合体的概率等优点。该技术手段已经在作物育种工作中发挥了非常重要的作用。

1.2.3.1 离体诱变

(1)体细胞无性系变异联合物理诱变技术

体细胞无性系(愈伤组织培养、细胞悬浮培养、原生质体培养、花药培养、茎段培养和再生能力较强的外植体培养等)变异联合物理诱变的育种手段已被广泛应用于作物新品种选育中。有学者通过辐射诱变处理带鳞片叶的鳞茎盘水仙,并经过无性系筛选得到了叶片数增多和小球茎膨大速度加快的变异植株(庄晓英等,2006)。有研究者用紫外线照射油菜小孢子后进行离体培养得到了胚状体再生频率提高的突变体(石淑稳等,2007)。还有学者用紫外线、^{60}Co-γ 射线双重照射刺芹侧耳原生质体后获得了能遗传的木质素降解酶高产突变菌株(陈敏和姚善泾,2010)。因此体细胞无性系变异联合物理诱变是十分有效的新优株系培育的技术手段。

利用辐射诱变联合离体培养以得到有目标性状的突变植株是一种便捷有效的技术手段。离体辐射诱变在百合育种工作中已有应用,研究主要集中在采用 X 射线和 ^{60}Co-γ 射线诱变百合不定芽和鳞片。运用 X 射线对东方百合栽培种'索邦'的离体不定芽进行辐射诱变,并分析辐射诱变后的不定芽继代材料的生长状况及过氧化物同工酶酶谱,发现 1.76Gy 剂量诱导的不定芽芽高增量比对照明显提高,不定芽增殖无明显变化,与对照相比,过氧化物同工酶酶谱相似度较小,且差异最大,其他剂量诱导的不定芽其相关生长指标与对照无明显差异。因此,在进行东方百合栽培种离体材料 X 射线辐射诱变育种时,高于 1.76Gy 的剂量才是有效的(黄海涛等,2010)。有研究发现辐射诱变对百合种球鳞片出芽的抑制效果十分明显,在试验剂量范围内,随着辐射剂量的增加,种球鳞片的出芽率、出芽平均数都急剧下降;随着种球鳞片培养时间的延长,不同辐射剂量诱变种球鳞片的出芽率和出芽平均数都在增加,且低诱导剂量间的差异逐渐减小,高诱导剂量间的差异逐渐增大;^{60}Co-γ 射线辐射诱变东方百合栽培种'索邦'种球鳞片的适合剂量大约是 2.0Gy(张冬雪等,2007)。还有学者发现 ^{60}Co-γ 射线辐射诱变 3 个百合栽培种'白狐狸'、'西伯利亚'和'索邦'的种球鳞片,不定芽再生频率的抑制效果非常显著;并随着辐射诱导剂量的增加,不定芽的再生频率、平均不定芽出芽数都随之减少(孙利娜和施季森,2011)。

(2)体细胞无性系变异联合化学诱变技术

化学诱变是利用化学诱变剂诱变植物材料,使其遗传物质发生变异,引起植株外观形态的变化,再根据作物育种目标,对变异植株鉴定、培育和筛选,最终获得预期育种目标的突变植株。化学诱变剂主要有碱基类似物叠氮化钠(NaN$_3$)、烷化剂乙烯亚胺(ethylene imine,EI)、硫酸二乙酯(diethyl sulfate,DES)、抗生素、羟胺、秋水仙素等。

甲基磺酸乙酯(ethylmethane sulfonate,EMS)是当前应用最为广泛的化学诱变剂之一。EMS 化学诱变剂在诱导抗病性突变植株上的应用屡见不鲜。抗病性一般受显性基因控制,其等位基因对存在于其他基因中感病性的等位基因是上位。因此,有一个抗病的等位基因就可使植株抗病。用 EMS 化学诱变剂诱变后显性变异体较多,点突变的频率较高,染色体的畸变较少(吴金平等,2005)。可见 EMS 是诱导抗病变异体效果较好的化学诱变剂。离体无性系培养可对愈伤组织、胚乳、花粉等遗传不稳定且嵌合体少的特殊材料进行培养。体细胞无性系变异与 EMS 化学诱变剂诱变处理相联合的技术已经在作物选育工作中取得了一定的成果。有学者以 EMS 作为化学诱变剂,结合香蕉茎尖培养选择获得了抗镰刀菌的变异植株(Bhagwat and Duncan,1998)。EMS 化学诱变剂在筛选优质、高产、抗逆等性状上也已经应用并获得了一些成果。以抗旱性较差的小麦花药和幼胚诱导出的愈伤组织为试验材料,通过 EMS 化学诱变剂处理后筛选获得了 13 株抗旱突变体(王瑾等,2005)。用 EMS 化学诱变剂诱变处理联合丽格海棠叶片的离体培养,获得了性状优良的新优株系(徐美隆等,2007)。用 1.5%的 EMS 化学诱变剂诱导处理油菜后,从 M_2 代中选择得到了一株高油酸变异植株,其油酸含量高达 71%(张宏军等,2008)。用 EMS 化学诱变剂诱导处理春小麦后筛选出 7 个综合性状优良且淀粉含量高的突变植株(薛芳等,2010)。利用 EMS 化学诱变剂处理粳稻品种'日本晴'后筛选得到了 1 个遗传稳定的叶形变异植株(鞠培娜等,2010)。

国内外关于离体化学诱变在百合上的应用研究不多,主要是多倍体诱导方面的研究。秋水仙素是在百合育种研究中应用最为广泛的化学诱变剂之一。有学者用秋水仙素诱导百合多倍体,并以青岛百合(*L. tsingtauense*)组培苗、亚洲百合杂种系品种'瓦迪索'的花蕾、新铁炮百合的种子为试验材料,发现秋水仙素浓度分别为 0.05%、0.10%、0.15%或 0.20%时,染色体加倍频率最高;多倍体植株与正常植株相比较,植株叶片明显增大、根系更加粗壮、气孔明显增大且单位面积的气孔数明显减少,膨大花蕾的比率较高、花蕾长宽比较高、花直径较大、柱头长度较长,大花粉比率最高为 3.2%,种子发芽率明显增高等变异现象(张俊芳等,2009;臧淑珍等,2010;孙晓梅等,2011)。用秋水仙素诱变百合组培苗和大百合种球鳞片,得到了叶片明显变大增厚的新优株系(姚连芳等,2005;文涛等,2007)。以 0.05%秋水仙素和 2%二甲基亚砜(dimethyl sulfoxide,DMSO)诱导新铁炮百合组培苗,在离体培养条件下获得了多倍体,与二倍体植株相比,四倍体植株的叶下表皮气孔密度较大,气孔保卫细胞长、宽比也较大(刘亚娟等,2009)。以附加 2% DMSO 的秋水仙素诱导麝香百合杂种系品种'雪皇后'组培苗的叶片和丛生苗,发现 2% DMSO 和 0.05%的秋水仙素诱导组培苗叶片 72h 后四倍体的比率较高,为 10%;2% DMSO 和 0.02%的秋水仙素诱导组培丛生苗 48h 后四倍体的比率高达 23.3%;丛生苗的处理效果明显比叶片的好;四倍体突变植株气孔显著增大,单位面积内气孔个数显著变少(兰倩和杨利平,2011)。用紫外线、叠氮化钠对大百合(*Cardiocrinum giganteum*)种球处理后,得到了抗性强、适应低海拔环境条件生长的优良植株,为大百合的诱变育种和引种驯化研究奠定了一定的基础(喻晓,2008)。

1.2.3.2 离体诱变联合筛选压定向选择抗病突变体

植物的抗病性由基因控制，很难发现在离体培养中植物体细胞、组织对病原菌的抗病作用，但利用病原菌的致病性毒素筛选抗病突变植株，然后培育成有利用价值的抗病株系逐渐受到人们的关注。最早在1973年就有学者用EMS化学诱变剂诱导烟草的原生质体和悬浮细胞培养物，并以烟草野火病菌毒素类似物硫酸蛋氨酸(Methionine Sulfoximine)为筛选压，选择获得了抗病突变植株(Carlson，1973)。采用EMS化学诱导剂诱导胡椒的茎尖，联合辣椒疫霉培养滤液对胡椒茎尖和培养继代的丛生芽进行离体筛选从而获得了抗病突变植株(刘进平和郑成木，2004)。利用马铃薯晚疫病菌毒素粗提液离体筛选获得了马铃薯抗晚疫病突变株系(程智慧和邢宇俊，2005)。用EMS诱导草莓愈伤组织后再经草莓灰霉病菌毒素粗提液离体筛选得到了抗病愈伤组织，而后分化出突变植株。同时经过遗传分析，证实了草莓灰霉病的抗病性是可遗传的，由此说明利用灰霉病菌毒素或其类似物为选择因子，选择抗病变异植株是可行的(罗静等，2009)。还有学者以5个草莓品种即'丰香'、'童子一号'、'全明星'、'森格纳'、'达赛莱克特'的试管苗为试验材料，以草莓枯萎病病菌毒素粗提液为选择剂，选择获得了草莓抗枯萎病的变异植株，抗病性鉴定结果表明其对枯萎病尖孢镰刀菌的抗病性明显比野生型再生植株好。同时采用OPP-18特异性引物对突变植株和'童子一号'品种进行随机扩增多态性DNA(RAPD)分析，结果显示在750~1000bp之间有特异性条带；进而采用OPO-05引物再对其进行RAPD分析，则扩增出3条清晰的非特异性条带，说明得到的抗病性突变植株与野生型植株在基因水平上发生了变化，可以鉴定为突变植株(苏媛等，2015)。还有研究者采集小麦的幼胚为外植体进行离体培养，诱导出愈伤组织后继代培养6个月再进行分化培养获得再生植株，为明确所获得体细胞无性系抗条锈病的遗传基础，对其进行了不同生长时期的抗病性鉴定及田间自然发病的统计鉴定，发现小麦体细胞无性系的抗条锈病特性较好，特别对主要流行的生理小种'条中33号'表现免疫；且抗病性遗传分析结果发现该体细胞无性系对'条中33号'的抗病基因是由1对显性基因调控的。这就为利用体细胞无性系变异筛选小麦抗锈病种质的创制和新品种选育奠定了理论基础(王炜等，2014)。以枸杞炭疽病菌的毒素粗提液作为筛选压，将枸杞的体细胞无性系变异联合辐射诱变处理，以半致死剂量的^{60}Co-γ射线对诱导出的胚性愈伤组织进行辐射诱变，再将胚性愈伤组织恢复增殖后，采取多步正选择法联合加压与去压交替进行选择，获得了抗病性愈伤组织突变体。分析抗病性愈伤组织的抗病防御酶活性，发现有无毒素粗提液的诱导，抗病性愈伤组织突变体的过氧化物酶(peroxidase，POD)、苯丙氨酸解氨酶(phenylalnine ammonialyase，PAL)和多酚氧化酶(polyphenol oxidase，PPO)活性都高于对照愈伤组织；经毒素粗提液诱导愈伤组织后,随着炭疽病菌毒素粗提液浓度的增加,3种酶活性都呈先升高后降低的变化趋势,抗病性突变体的上升幅度比对照愈伤组织大,由此说明抗病性突变体通过增强与抗病性相关酶的活性,加强了植物防卫有关的物质代谢(曲玲等,2015)。以唐菖蒲主栽品种'货车'(Wagon)和'超级玫瑰'('Rose Supreme')为试验材料,并以唐菖蒲根腐病菌毒素粗提液为选择剂,选择唐菖蒲子球诱导培养的愈伤组织及经 EMS 化学诱变剂处理后的体细胞无性系,对得到的唐菖蒲抗根腐病突变株系进行抗病性鉴定,并分析获得的再生植株体内抗病防御酶活性变化,最终建立了唐菖蒲抗根腐病体细胞无性系的选择技术体系(胡颖慧,2012)。以大红甜橙实生苗上胚轴为试验材料,采用 EMS 化学诱变剂对其节间茎段进行诱变,再对其用不同浓度溃疡病菌毒素粗提液进行离体筛选,获得了抗溃疡病的突变植株(罗丽等,2015)。

1.2.3.3 变异体的检测

在选择性培养基上培养筛选得到的细胞或组织不一定是变异的细胞或组织,其中不乏生理适应性的细胞或组织,因此,要进行形态学、组织细胞学、生理生化和分子生物学方面的检测鉴定,分析其突变的原因和机制,为较好地进行育种应用提供依据。变异体检测的技术主要有染色体观察计数与核型分析、同工酶酶谱分析、分子标记技术等。前 2 种方法有一定的局限,植物染色体制片技术的复杂性及突变植株不一定在染色体上表现,使得在变异植株上不一定能检测到染色体的变化,同工酶酶谱则易受环境因素的干扰和植物不同个体生长发育的影响,从而使其无法满足研究的需要。

近年来,随着体细胞无性系变异的进一步深入研究,分子标记技术如随机扩增多态性 DNA(random amplified polymorphic DNA,RAPD)、简单序列重复(simple sequence repeat,SSR)、限制性片段长度多态性(restriction fragment length polymorphism,RFLP)等在体细胞无性系变异的检测和鉴定中应用较为普遍。分子标记技术能直接分析突变的 DNA,比同工酶酶谱分析能更好且直观地检测体细胞无性系的变异。RFLP 标记技术可反映出体细胞无性系内同源 DNA 序列中核苷酸排列顺序的差异。SSR 标记技术可快速精确地检测离体培养条件下不同无性系的基因型,明确其遗传背景、来源及突变体的差异。有学者将 RFLP 技术应用于水稻耐盐变异体的分析鉴定取得了较好的结果(杨长登等,1996)。还有学者将 SSR 标记技术应用于小麦体细胞无性系变异的研究也获得了一些成果(杨随庄等,2007)。虽然分子标记技术也存在一定的局限,如分子标记检测具有不确定性、直接对应某个表型突变的概率小、与细胞学特性之间无相关性、表型特征与 DNA 水平变化不一致的现象,但其仍然是用于研究体细胞无性系变异的有利手段之一。

1.3 百合组织培养研究进展

自 Robb(1957)首次发表了百合的组织培养文章以来,百合的组织培养研究取得了很大的进展。组织培养与传统繁殖方式相比存在很大的优势。利用组织培养技术,能够迅速去除病毒和更新品种,加快了百合的快速繁殖速度,缩短了百合的繁育周期。而常规育种繁殖系数较小,并且容易造成种性退化,甚至病毒积累,影响百合的产量和质量。

在百合组织培养 60 多年的历史中,已经建立了完善的营养器官、生殖器官、原生质体等组织培养的方法。

用于百合营养器官培养主要有鳞片(谢杰等,2007;Duong et al.,2001;丁兰等,2003;Sun and Byung,2005)、叶片(胡凤荣等,2007;Loretta et al.,2003)、叶柄(狄翠霞等,2005)、茎段(Bong et al.,2005)等。以百合鳞片作为外植体的比较多,但不同部位的鳞片对分化有差异,金淑梅等(2006)报道细叶百合鳞片分化小鳞茎能力的大小依次为外层、中层、内层。并且,鳞片的不同部位分化能力也不同。赵庆芳等(2003)在研究'西伯利亚'百合的组织培养和离体快繁时,发现鳞片产生芽的能力从强到弱依次为下部、中部、上部,差异非常显著。下部鳞片诱导率为 83.6% 左右,中部鳞片为 62.5%,上部鳞片为 0。适宜的外源激素配比可提高小鳞茎的分化频率,但并不能改变鳞片上、中、下三部分小鳞茎分化能力的内在差异。

百合生殖器官组织培养主要包括花梗(刘雅莉等,2004)、花丝(Arzate et al.,1997)、花药(褚云霞等,2002)、花托(Han et al.,2000)、花柱(杨薇红等,2004)、花粉和胚珠(Ikeda et al.,2003)等的组织培养。花药和花药离体培养是研究器官发育的较好材料与手段。褚云霞等(2001)在培养百合花药时,发现 24~26mm 长的花蕾中花药最易被诱导产生愈伤组织,即以单核期的花药作外植体为宜。常立(2004)指出以岷江百合花丝为外植体进行愈伤组织诱导,愈伤组织诱导和分化培养基为 MS+6-苄基腺嘌呤(6-BA)0.5mg/L+萘乙酸(NAA)1.0mg/L,以百合花丝为外植体,在蔗糖浓度为 9%,并且含氮量较低的培养基上暗培养,容易获得愈伤组织。

在百合原生质体培养方面,Tribulato 等(1997)建立了铁炮百合'白雪女王'('Snow Queen')的细胞悬浮系。Toshinari 等(1998)从新铁炮百合(L.×formolongi)的茎尖形成分生细胞小块制备原生质体,并建立了从原生质体到植株的再生体系。同时指出,糖的种类和浓度对于原生质体制备及形成植株具有重要作用。Famelaer 等(1996)建立了铁炮百合'Gelria'与'白雪女王'和亚洲百合'Orlito'与'Connecticut King'杂交后代的细胞悬浮系并分离到了原生质体,为百合的原生质体再生和融合体系建立了细胞悬浮系。Mitsugu 等(2002)运用看护培养的方法从分离自东方百合栽培种'Casa Blanca'、'Siberia'和'Acapulco'细胞悬浮系的原生质体中获得了再生植株。用没有再生能力的看护细胞与原生质体一起在含有毒莠定(Picloram)的培养基中培养，可形成细胞团而后生成愈伤组织。将愈伤组织转移到没有激素的繁殖培养基中就形成许多植株。将再生植株移栽到花盆放在温室里培养，2年后开花。

1.4 植物细胞悬浮培养技术研究进展

1.4.1 愈伤组织的诱导

愈伤组织是指由母体外植体组织的增生细胞产生的一团不定性的疏松排列的薄壁细胞(张自立和俞新大，1990)。愈伤组织的外观形态和生理状态直接影响到以后建立悬浮系的质量。因此，应仔细观察，挑选那些颗粒细小、疏松易碎、外观湿润、鲜艳的白色或淡黄色愈伤组织，经过几次筛选、继代至稳定后用于诱导悬浮系。而诱导这类愈伤组织的关键是外植体本身、附加激素的种类和浓度、基本培养基和附加有机物(孙敬三和桂耀林，1995)。

1.4.1.1 外植体类型

大量的事实表明，选择合适的外植体进而诱导出疏松易碎的愈伤组织对以后建立悬浮细胞系可以起到事半功倍的效果。在双子叶植物中，最常用的外植体为幼胚、成熟胚、下胚轴、子叶、叶片、根等，在单子叶植物中以幼胚、成熟胚、幼穗、花药等较为常用。

尹文兵等(2004)分别以胡萝卜子叶、下胚轴和直根形成层为外植体诱导出愈伤组织，结果表明胡萝卜下胚轴是诱导愈伤组织的理想外植体。赵军等(2001)以西红花的球茎、叶片和花柱为外植体诱导愈伤组织。叶片诱导培养形成白色膨大组织，球茎培养得到松散型白色愈伤组织，花柱诱导形成的愈伤组织呈浅黄色，不易分化，易于进行悬浮培养。何钢等(2004)研究表明，选择人心果的胚作为外植体能快速诱导形成愈伤组织。王友生等(2006)研究指出，不同外植体间的愈伤组织诱导率差异较大，以紫花苜蓿胚轴的愈伤诱导效果最好，愈伤组织诱导率高达92.2%。孟新亚(2002)通过试验得出最适宜诱导胚性愈伤组织的外植体是茎尖和根尖的结论。

1.4.1.2 激素的影响

植物激素的调整对于愈伤组织的改良具有重要意义，适当地提高激素浓度有利于松脆型愈伤组织的获得(方文娟等，2005)。胡博然等(2003)研究表明：在胚愈伤组织的诱导中，胚在不含激素的MS培养基中培养3天后褐变死亡，而在MS

培养基中附加不同质量浓度的生长素 2,4-二氯苯氧乙酸(2,4-dichlorphenoxyacetic acid, 2,4-D)、分裂素 6-BA 和吲哚丁酸(indole butyric acid, IBA)后,对愈伤组织的诱导均有明显的促进作用,从而使胚性愈伤组织诱导频率增高。孙君社和方晓华(2001)在对'路易圣特'百合鳞茎愈伤组织生长的影响研究中表明:6-BA 的质量浓度为 110mg/L 时有利于芽的形成,NAA 质量浓度为 0.05mg/L 时有利于形成小鳞茎。分裂素 6-BA 与生长素 2,4-D 的比值和绝对含量,调控着植物组织的形态发生和细胞分化。当比值高时产生芽,低时产生根,比值适中时就可维持原组织生长而不分化。李玉平等(2006)以'大花金'挖耳无菌苗的根为外植体,研究了不同质量浓度的 2,4-D 和激动素(kinetin, KT)对愈伤组织诱导的影响。结果表明,低浓度的 2,4-D(0.25~0.5mg/L)单独使用促进愈伤组织的形成,随着 2,4-D 质量浓度的增加,愈伤组织的形成逐渐变弱;在基本培养基、2,4-D 和 KT 诱导愈伤组织的正交试验中,发现 2,4-D 对愈伤组织诱导率的影响最大,基本培养基次之,KT 影响最小,对愈伤组织诱导的较优组合为 B5 培养基+2,4-D 0.1mg/L+KT 0.4mg/L。王艳红等(2007)研究表明,'丰花'月季松散型愈伤组织诱导的最佳激素浓度配比是 NAA 4mg/L+2,4-D 1mg/L +6-BA 1mg/L。

1.4.2 影响悬浮细胞系建立的因子

1.4.2.1 基因型

基因型对细胞悬浮系的建立有很大的影响,不同的品种类型建立的细胞悬浮系的质量不同。马连菊等(2002)在玉米细胞悬浮系的建立与单细胞培养效果的研究中表明:基因型对细胞悬浮系有很大的影响,其中供试材料 330 表现最好,圆形细胞率平均达 16.5%。张洁等(2005)以不同基因型草莓花药为试材,建立草莓细胞悬浮系,表明不同基因型在建立稳定悬浮系过程中表现不同,'明旭'悬浮培养初期没有褐化现象,6 个月左右即可建立稳定的悬浮细胞系。

1.4.2.2 激素的影响

植物生长调节剂的种类及浓度对细胞悬浮培养有很大的影响。许多报道表明,2,4-D 浓度对悬浮培养的影响较大。马连菊等(2002)指出 2,4-D 浓度影响玉米悬浮细胞的生长和细胞成活率,浓度为 1.0~2.0mg/L 时比较适宜。对水稻细胞悬浮培养来说,2,4-D 的浓度是影响细胞生长、分裂的重要因素。梁军等(2003)研究得出 2,4-D 不利于印楝悬浮细胞的生长,在含 NAA 和 IBA 的培养基上,都能够使印楝悬浮细胞生长,并且在一定条件下(NAA 2.0~4.0mg/L,IBA 2.0~3.0mg/L)生长得比较好。但是在含 IBA 的培养基上连续继代培养时,发现悬浮培养系生长情况逐渐减弱。王建设(2001)在葡萄的悬浮细胞培养中得出:细胞团的增殖,低浓度的 2,4-D 较为适宜,2,4-D 超过 2mg/L,细胞团的生长明显受到抑制。

1.4.2.3 继代培养的次数

随着悬浮继代次数的增加,胚性愈伤率和愈伤的分化再生率都会提高,然而对于不同的植物其最适合的继代次数不同。尹庆良和刘世强(1994)报道指出:在水稻悬浮细胞系培养的研究中,固体继代次数是一个关键的因素,随着继代次数的增加,愈伤组织转入液体培养后形成的悬浮系的质量越来越高,固体继代 7 次后其鲜重增长率、分散程度、圆细胞率都明显增高。早熟禾愈伤组织一般培养 3~4 个月后其胚性愈伤率和再生率均比较高,结缕草一般要培养 4~5 个月,其愈伤率才能达到较高水平。随着继代时间的延长,愈伤组织出现水化、褐化、再生率下降等问题,应不断调整激素浓度,使其处于良好状态。蔡小东等(2008)指出一品红愈伤组织悬浮系的适合继代周期为 7~8 天。在 Mitsugu 等(2002)的研究中,百合细胞悬浮系在建立 2 个月后可得到稳定的悬浮系,继代周期为 2 周。

1.5 尖孢镰刀菌抗性机制的研究进展

1.5.1 尖孢镰刀菌抗性机制的细胞学研究

寄主植物在受到病原菌侵入后,其抗病反应或感病反应与细胞壁覆盖物、侵填体及褐色物等出现的早晚相关。侵填体一般出现在受病原菌侵入的导管中,它能阻碍病菌在维管束中的进一步扩展。褐色物一般在抗病品种中出现得较早而且量大,以便将受感染的导管完全封闭,而在感病品种中则出现较晚。褐色物不但具有机械阻碍作用,而且其含有的类萜类物质还具有植物抗生素的作用,能够使侵入的病原菌菌丝受毒害致死(Van Heusden et al.,2002;穆鼎,2005;陈捷,2007)。与感病品种相比,这种防卫反应在抗病品种中出现得早且快速,是十分有效的抗病性反应。虽说仅仅依靠根系维管束对病菌孢子扩展的机械堵塞作用不能为抗病品种提供较好的抗病性,但却为植物启动防卫反应获得了时间上的优势(王金生,2001)。

有学者通过透射电镜观察香蕉枯萎病抗病品种和感病品种幼苗根系接种清水及尖孢镰刀菌后的球茎组织的超微结构变化,发现接种清水的球茎组织细胞形态正常,细胞结构完整,细胞代谢旺盛;接种尖孢镰刀菌后,病原菌从根部伤口处入侵,穿过薄壁组织后再进入维管组织,球茎组织的木质部导管中接连出现侵填体和少量的灰褐色物质,细胞发生质壁分离;感病品种的球茎组织的细胞壁破裂,细胞器如线粒体和叶绿体肿胀变形,细胞膜溶解且不完整;抗病品种的细胞器膜、细胞内部结构基本无损坏,其维管组织的细胞壁出现加厚现象,皮层薄壁细胞的细胞壁木栓化,并出现乳突,抗病品种的这些防卫反应阻止了病原菌的进一步侵入和生长(邝瑞彬等,2013)。

还有学者利用透射电镜技术和石蜡切片技术研究了西瓜抗尖孢镰刀菌枯萎病品种与感病品种的组织结构，发现西瓜抗病品种有两种不同的导管类型，即环纹导管和网纹导管，并有较厚的角质层；而感病品种仅有一种类型的导管，即环纹导管，且无角质层。抗病品种在接种尖孢镰刀菌后出现细胞壁加厚，导管腔内发现细胞壁覆盖物、褐色物及侵填体，而感病品种接种尖孢镰刀菌后仅出现细胞壁加厚和胼胝体（马艳玲等，2008）。一般来说，导管中出现侵填体、细胞壁覆盖物及褐色物被认为是寄主植物阻碍病原菌菌丝向导管壁的侧向穿透，从而保护相邻组织的一种防卫反应。然而这些侵填体、细胞壁覆盖物及褐色物把导管堵塞后，导管的输水功能就可由维管束中其他没有被病原菌侵入的导管所取代（Mace et al.，1981）。所以维管束堵塞的重要作用是封锁受侵入或破损的导管，从而阻碍病原菌菌丝的进一步扩展，这代表了寄主植物的一种防卫机制。

1.5.2 尖孢镰刀菌抗性机制的生理学研究

植物抗性品种可产生抑制病原菌生长的化学物质（植保素、酚类物质、皂苷等），诱导产生各种与抗病性反应和病程相关的蛋白质，如几丁质酶（chitinase）、葡聚糖酶（dextranase）及防御酶等（Siegrid et al.，2008；Wu et al.，2009）。有学者在测定不同百合品种种球中的总皂苷含量时发现，种球中的总皂苷含量与百合对尖孢镰刀菌的抗病性表现出正相关性，从而指示百合品种对尖孢镰刀菌百合枯萎病的抗病性。因此，总皂苷的含量可作为百合对尖孢镰刀菌枯萎病抗病性的评价手段之一（Curir et al.，2003）。抗病性品种有可能是通过促进皂苷合成或抑制皂苷降解两条代谢途径来增加皂苷含量的，从而阻碍尖孢镰刀菌的进一步为害（Weltring et al.，1997）。因此，在同一条件下，抗病性强的百合品种其皂苷含量就比感病品种的高。用田间分离纯化的尖孢镰刀菌接种东方系列百合品种，发现抗病性株系中的鳞片总皂苷含量比感病性株系鳞片总皂苷含量高29.8%（刘妍等，2009），这就说明总皂苷含量是可以指示东方系列百合品种对尖孢镰刀菌的抗病性的，还有学者的研究也得出了相同的结论（郑思乡等，2014）。

丁丁等（2011）以百合尖孢镰刀菌毒素粗提液筛选感病东方百合品种'卡萨布兰卡'（'Casa Blanca'）无性系植株的研究过程中，发现筛选出的抗病无性系植株在接种尖孢镰刀菌百合专化型后，叶片中的过氧化物酶（POD）、多酚氧化酶（PPO）、超氧化物歧化酶（superoxide dismutase，SOD）活性均比对照株高，同时经抗病性鉴定发现突变植株表现中抗。詹德智（2012）发现百合感染茎腐病后，鳞茎正常的细胞形态结构遭到破坏，薄壁细胞贮藏淀粉含量下降，防御酶活性上升。与感病种质资源相比，抗病种质资源鳞茎细胞形态结构和淀粉含量受病原菌影响较小；抗病种质植株体内的苯丙氨酸解氨酶（PAL）和过氧化物酶（POD）活性显著高于感病种质。黄勇琴等（2012）测定了不同'冬荷'品种抗腐烂病的生理指标，发现低抗品种的 POD、PPO、PAL 活性和总酚(total phenol，TP)含量及最大增幅均极显著高于高感品种，不同'冬荷'品种的 POD 活性呈现双峰曲线，PPO 活性和 TP 含量呈现单峰曲线，PAL 活性变化呈现"S"形曲线。不同'冬荷'品种的抗病性和抗病生理指标均存在差异，但是其抗病生理变化趋势却是相同的。

1.5.3 尖孢镰刀菌抗性机制的分子基础研究

尖孢镰刀菌可以分泌多种细胞壁降解酶(cell wall degrading enzyme，CWDE)，包括果胶酶、果胶裂解酶、木聚糖酶、木质素降解酶、纤维素酶、半纤维素酶等(Mcgaha et al.，2012；Grohmann and Bronte，2010)。有学者敲除了尖孢镰刀菌番茄专化型中调控木聚糖酶基因和纤维素酶基因的 *xlnR* 基因，发现 *xlnR* 基因的敲除可使尖孢镰刀菌番茄专化型菌株中 *XYL3*、*XYL* 基因的表达量减少，木聚糖酶的活性也相应减弱，但毒性并不会削弱，这可能是因为 *xlnR* 基因的失活并未使木聚糖酶完全丧失活性，剩下的木聚糖酶活性仍足以使 ΔxlnR 变异株产生致毒作用(Calero-Nieto et al.，2007)。有学者认为 *endo-pg* 基因可能在尖孢镰刀菌侵入寄主植物根表皮层并通过木质部向上扩展定殖的过程中起到关键作用，但其他学者的研究结果发现，PG 的累积与甜瓜枯萎病镰刀菌的致病性无相关性，*pg1* 在甜瓜枯萎病镰刀菌的致病过程中不是必需的(Pareja-Jaime et al.，2008)，还有学者通过 *pg5* 基因的失活试验得到了相同的结论(Garcia-Maceira et al.，2001)，但还有其他学者有不同的研究结论，尖孢镰刀菌除了合成 PG1 和 PG5 外，还会合成其他的酶，当敲除其中一个与合成相关的基因后，其他的酶可能就会填补这个被敲除基因所合成酶的作用，因此还不能确定果胶酶在尖孢镰刀菌致病过程中是否起作用(De Lorenzo et al.，1997)。最新研究结果表明，调控果胶酶基因表达的碳代谢调节基因可能在病原菌侵染时起着十分重要的作用。尖孢镰刀菌中碳分解代谢可阻碍果胶酶的表达，SNF1 蛋白激酶则可解除此抑制作用。有学者通过定点突变的方法获得了 ΔSNF1 变异株，其在少数几种复杂碳源培养基中的生长情况比在一种葡萄糖碳源培养基中生长得好，且果胶酶 *PGX1*、*PGN1* 基因及果胶裂解酶 *PL1* 基因的表达量下降，与野生型相比，ΔSNF1 变异株对甘蓝和拟南芥的毒害作用明显下降。因此，果胶酶基因的表达对尖孢镰刀菌的致病力有一定的影响，但在这条调控代谢路径中，碳代谢则起了重要的作用(Ospina-Giraldo et al.，2003)。从学者的研究结果中发现，个别失活的细胞壁降解酶编码基因，如果胶酶基因、木聚糖酶基因等，固然对病原菌自身的碳代谢、糖代谢、氮代谢产生一定的影响，导致病原菌对寄主植物根部的侵染或定殖能力产生变化，但均与病原菌总体毒力无太大的关系。人们对于尖孢镰刀菌细胞壁降解酶的调控代谢还不能完全解释清楚。

寄主植物可分泌一些抗病原真菌的化合物来抵制或干扰病原真菌的侵染，如番茄分泌的抗病原真菌的化合物α-番茄碱，能与病原真菌的细胞膜结合形成固醇复合物，引起毛孔和病原真菌的细胞内容物渗出，从而抵制病原真菌的侵入。而病原真菌尖孢镰刀菌可分泌合成一种降解番茄碱的酶即番茄皂苷酶。有学者研究发现调控番茄皂苷酶 5 个基因中的 *TOM1* 基因，在分解番茄碱使寄主植物致病的过程中起到了关键作用。过量表达的 *TOM1* 基因可使番茄皂苷酶的活性加强。用过量表达 *TOM1* 基因的菌株接种寄主植物番茄可加速病原菌的入侵，而定点突变 *TOM1* 基因的变异株可使尖孢镰刀菌毒性减弱，感病症状也随之推后（Pareja-Jaime et al.，2008）。寄主植物产生的酚类化合物也可抵抗病原菌的侵入。病原真菌可通过 β-酮己二酸代谢通路将寄主植物中的木质素单体、芳香族氨基酸、芳香族碳氢化合物转化成儿茶酚或者转化成原儿茶酸盐，进而转化成 β-酮己二酸（Harwood and Parales，1996）。有学者研究发现，顺-己二烯二酸环化酶是 β-酮己二酸代谢通路中的两个关键酶之一，其基因是尖孢镰刀菌引起寄主发病过程中所必需的，CMLE 缺失变异体不但能降解寄主植物产生的酚类化合物，还失去了对根部的入侵能力（Michielse et al.，2009）。病原真菌还可通过漆酶氧化代谢通路来分解酚类化合物。尖孢镰刀菌中发现的漆酶基因 *LCC1*、*LCC3* 和 *LCC5* 的失活变异株中漆酶的活性大大减弱，但 *LCC1*、*LCC3* 和 *LCC5* 并不影响其致毒作用。氯离子通道基因 *CLC1* 也可调控漆酶氧化代谢通路，该基因的失活突变体其致病力也减弱了（Canero and Roncero，2008）。

国内外学者对尖孢镰刀菌抗病性基因方面的研究比较多。有学者通过图位克隆技术在拟南芥中克隆出了参与抗尖孢镰刀菌枯萎病的主效基因 *RFO1*，使该基因失活后，发现该突变体的感病性加强（Diener and Ausubel，2005）。在番茄基因库中已经鉴定出几个多态性抗病性基因（R），每个抗病基因抗尖孢镰刀菌 Fol 株系的一个亚种，命名为 *I*（免疫），*I-1*、*I-2*、*I-3*。Fol 小种是根据对 R 基因的抗性来命名的：*I* 基因和 *I-1* 基因抗小种 1，小种 2 可抗 *I* 和 *I-1*，但 *I-2* 会抑制小种 2 的抗性；小种 3 可抗 *I*、*I-1* 和 *I-2*，但 *I-3* 会抑制其抗性。依据小种 1 是否抗 *I-2* 或 *I-3*，可进一步划分小组。根据基因-基因假说，在番茄中 R 抗病基因产生的抗病性主要针对尖孢镰刀菌 Fol 中的 AVR 无毒基因。*I* 基因起源于茄属，位于第 11 条染色体上，*I-1* 基因位于另一个野生番茄的第 7 条染色体上；*I-2* 基因已经被克隆，它编码普通的 NBS-LRR 类蛋白质，*I-3* 基因至今未被克隆，但对应的 AVR 无毒基因已经被克隆，当尖孢镰刀菌在木质部定殖时，就会表达 AVR 无毒基因编码的一个小蛋白 six1，从而可产生病原真菌的毒性（Houterman et al.，2008）。还有学者采用特异链 RNA 测序技术研究了拟南芥接种尖孢镰刀菌后的动态防卫转录组。发现接种尖孢镰刀菌 1 天和 6 天后，分别有 177 个和 571 个基因表达上调，30 个和 125 个基因表达下调。而在同一时间点有 116 个基因表现上调表达、7 个基因表现下调表达，这说明大部分早期侵染阶段表现为上调表达的基因在后期则变为不断地表现下调表达。反之，表现下调表达的基因在 2 个不同的时间点表达是明显不同的。除了在各种寄主植物与病原菌互作的防卫系统中已知的部分基因外，许多新的防卫反应基因也被确定(Zhu et al., 2013)。

尖孢镰刀菌的抗性相关基因定位及基因功能方面的研究也取得了一定的成果。唐楠(2014)以郁金香 *Tulipa gesneriana* 'Kees Nelis' 和 *Tulipa fosteriana* 'Cantata' 种间杂交 F_1 代为作图群体，基于单核苷酸多态性(single nucleotide polymorphism，SNP)、SSR、扩增片段长度多态性(amplified fragment length polymorphism，AFLP)和核苷酸结合位点(nucleotide binding site，NBS)标记，采取双拟假测交策略，初次构建了双亲的遗传连锁图谱，对郁金香基腐病进行了抗病性鉴定和数量性状基因座(quantitative trait locus，QTL)定位分析。发现基腐病抗病性在两亲本间差异显著，在杂交 F_1 代中呈现连续分布，为数量性状遗传。利用构建的双亲遗传图谱，结合 3 组表型鉴定数据，依次通过 Kruskal-Wallis 检验、IM 和 MQM 作图，共检测到 6 个与郁金香基腐病抗病性相关的 QTL 位点。有学者发现 *CqWRKY1* 转录因子在镰刀菌酸毒素处理后被强烈诱导表达，且在 12h 到达表达最高峰。此外，*CqWRKY1* 表达受信号分子水杨酸(salicylic acid，SA)、茉莉酸甲酯(methyl jasminate，MJ)诱导，因此认为 *CqWRKY1* 转录因子参与了镰刀菌枯萎病防卫反应的调控，且其调控作用可能依靠水杨酸和茉莉酸介导的信号通路(张金平，2014)。吕桂云(2010)以抗尖孢镰刀菌西瓜枯萎病 3 个生理小种的西瓜野生种 PI296341-FR 为试验材料，采用抑制消减杂交(SSH)技术，构建了尖孢镰刀菌诱导抗病种质 PI296341-FR 防卫反应的 cDNA 文库，并利用一定规模的表达序列标签(expressed sequence tag，EST)分析和微阵列(microarray)芯片技术构建了抗病防卫反应相关基因的表达谱，揭示出西瓜与尖孢镰刀菌非亲和互作中涉及的基因种类、数量与功能，初步推测出西瓜与尖孢镰刀菌非亲和互作的分子机制。

在百合尖孢镰刀菌枯萎病抗病性相关基因方面的研究也获得了一些好的结果。马璐琳等(2012)利用大花卷丹(*L. leichtlinii* var. *maximowivzii*)为试验材料，以尖孢镰刀菌诱导 12h 和 24h 的试管苗叶片构建了百合经尖孢镰刀菌诱导后的 SSH 文库，从中筛选到 4 条与百合枯萎病抗病性相关的 EST，分别为编码蛋白质丝氨酸/苏氨酸激酶(protein serine/threonine kinase)、谷胱甘肽 S-转移酶(glutathione S-transferase，GST)、过氧化物酶(POD)和亲环蛋白(cyclophilin，CYP)，并分析了表达情况，证实其在一定水平上都受百合尖孢镰刀菌诱导而表现上调表达，推测其可能参与了百合对尖孢镰刀菌枯萎病的抗病过程。以泸定百合(*L. sargentiae* Wilson.)为试验材料，构建其试管苗经尖孢镰刀菌百合专化型诱导后的叶片 SSH 文库，从中筛选到 8 个与百合抗尖孢镰刀菌枯萎病相关的基因，分别为过氧化氢酶(catalase)、ABC 转运蛋白(ABC transporter)、库尼茨胰蛋白酶抑制剂 4(Kunitz trypsin inhibitor 4)、丝氨酸乙醛酸氨基转移酶、多聚泛素、脂加氧酶Ⅰ(lipoxygenase

Ⅰ)、蛋白质丝氨酸/苏氨酸激酶(protein serine/threonine kinase)、抗坏血酸过氧化物酶的基因,通过 RT-PCR 技术分析其表达情况,结果显示接种尖孢镰刀菌后这些基因都表现上调表达,推测这些基因可能参与了泸定百合抗尖孢镰刀菌枯萎病的防卫反应过程(杨嫦丽等,2014)。李红丽(2014)从岷江百合 SSH cDNA 文库中克隆出 $Lr14$-3-3 的全长 cDNA 序列并对其进行了一系列的生物信息学分析,$Lr14$-3-3 cDNA 全长为 1067bp,编码含 259 个氨基酸的蛋白质。聚类分析将 Lr14-3-3 聚为非 ε 类型中的 nu 类 14-3-3。QRT-PCR 分析表明,Lr14-3-3 在正常生长的岷江百合中的表达量处于相对较低的水平;在水杨酸(salicylic acid,SA)、茉莉酸(jasmonic acid,JA)、乙烯(ethylene,ET)和 H_2O_2 四种信号分子处理 12h 后,Lr14-3-3 明显受乙烯的诱导表现上调表达,受水杨酸、茉莉酸信号分子的抑制表现下调表达,而在 H_2O_2 的处理下表达水平变化不大。在抗病的岷江百合中接种尖孢镰刀菌 2h 后,$Lr14$-3-3 基因表达迅速上调,在接种尖孢镰刀菌 2~12h 后表达量持续上升,到达最高水平,在接种尖孢镰刀菌 12~24h 后表达水平缓缓下降;而在感病的'西伯利亚'百合中接种病原菌 2h 后,$Lr14$-3-3 基因表达有所上调,但低于在岷江百合中的表达量,尤其在接种 2~12h 后表达量急剧下降,达到最低水平。总体来看,尖孢镰刀菌侵染过程中 $Lr14$-3-3 基因在岷江百合中的表达量要明显高于在'西伯利亚'百合中的表达量。韩青等(2015)发现岷江百合类萌发素蛋白基因 $LrGLP2$ 是一个抗病原真菌的功能基因,将其转入烟草中并在烟草中超表达,从而增强了 T2 代转基因烟草对多种病原真菌的抗病性。

1.6 尖孢镰刀菌毒素作用机制的研究

毒素是指在一定生理浓度下,病原菌分泌的对他种生物有毒害作用的代谢产物。镰刀菌产生的毒素属非寄主选择性毒素(non-host selective toxin,NHST),不但对其寄主植物种或栽培品种具有毒害作用,而且对非寄主生物也有毒害作用。这类毒素能加重症状,是致病力决定因子,其中有些毒素可区分品种的抗病性差异(高必达和陈捷,2006)。有学者利用尖孢镰刀菌百合专化型培养滤液室内鉴定不同百合品种的抗病性,鉴定结果与田间鉴定结果基本一致,由此说明利用尖孢镰刀菌百合专化型培养滤液室内鉴定不同百合品种的抗病性是可行的(彭绿春等,2011)。丁丁等(2011)则利用百合尖孢镰刀菌毒素粗提液筛选抗性细胞系,但对百合尖孢镰刀菌毒素的作用机制则需深入研究。

毒素对寄主植物的作用位点主要是在植物细胞的线粒体、叶绿体、细胞膜等部位起作用。毒素对细胞壁和细胞膜的作用主要表现在超微结构和生理学上的变化。敷着物、乳突、泡状结构或细胞壁病痕等是在毒素处理过的植株中最常见的特征(高必达和陈捷,2006)。镰刀菌酸(fusaric acid,FA)是镰孢属病原真菌特别是尖孢镰刀菌代谢过程中分泌的一种非特异性毒素,也是最早发现的能致使寄主植物番茄萎蔫的病原真菌代谢化合物之一(Pareja-Jaime et al.,2008)。有学者发现引起百合枯萎病的尖孢镰刀菌百合专化型可分泌镰刀菌酸,并利用反相 HPLC 法和 GC-MS 法检测了尖孢镰刀菌百合专化型毒素粗提液中镰刀菌酸的含量(Löffler and Mouris,1992;Löffler et al.,1996);还有学者报道引起百合枯萎病的尖孢镰刀菌所产生的镰刀菌酸在病菌致病过程中并不起关键作用(Curir et al.,2000)。Xie 等(2011)利用尖孢镰刀菌或镰刀菌酸(FA)处理抗病和感病冬瓜品种根部,利用免疫荧光标记技术分析了根部抗原的细胞定位及变化规律,发现互作伸展蛋白的 JIM11 和 JIM20 荧光标记在抗病品种中较强,并且含 CCRCM7 抗原的阿拉伯半乳聚糖蛋白(arabinogalactan protein,AGP)或鼠李半乳糖醛酸聚糖在抗病品种中增加,而在感病品种中却没有增加。这些结果表明,CCRCM7 抗原可能有利于增强冬瓜对尖孢镰刀菌的抗性,且 JIM11 和 JIM20 标记的伸展蛋白,以及 LM2、LM14、MAC204 和 JIM16 标记的 AGP 都参与了寄主-病原菌的互作过程。

  国内外关于尖孢镰刀菌毒素方面的研究较多。有学者用棉花枯萎病病菌产生的毒素处理棉花植株并观察其维管束的病理特征(袁红旭和商鸿生,2002)。有学者也证实引起大豆根腐病的尖孢镰刀菌毒素能抑制大豆胚根的生长,对大豆幼苗具有致萎作用(台莲梅等,2004)。另有学者利用紫外分光光度计分析了引起香蕉枯萎病的尖孢镰刀菌毒素粗提液中的镰刀菌酸含量,证明了镰刀菌酸是尖孢镰刀菌毒素粗提液中引起香蕉枯萎的主要因子,但可能还含有其他致病因子(兀旭辉等,2004)。还有学者发现尖孢镰刀菌对西瓜幼苗的毒害作用主要是由病原菌分泌的镰刀菌酸对西瓜根系细胞质膜的伤害引起的,并利用紫外分光光度计分析了毒素粗提液中镰刀菌酸的含量(马国斌等,2000)。还有研究发现侵染西瓜的尖孢镰刀菌所分泌的镰刀菌酸能引起西瓜氮素代谢的紊乱,并认为这是一种有关镰孢菌属真菌致病机制的新发现(Wu et al.,2007)。另有研究发现尖孢镰刀菌的培养滤液和毒素粗提液对种子的萌发具有显著的抑制作用,毒素粗提液浸泡甘蓝幼苗根部能引起幼苗枯萎,且毒素粗提液对甘蓝的致毒作用随着镰刀菌酸含量的增加和诱导时间的延长而增强(刘梅等,2010)。

  在尖孢镰刀菌毒素相关基因的研究方面也取得了一定的成果。在尖孢镰刀菌番茄专化型中发现了编码 F-box 毒素蛋白的基因 *FRP1*,将该基因敲除后,虽然可使尖孢镰刀菌在寄主植物的根部定殖,但由于入侵能力受限制,毒力相应减弱,酶活性完全丧失,这可能是因为其导致病原菌的有机酸、氨基酸和多糖吸收能力下降,使得蛋白酶基因的表达受抑制,进而影响了其致病能力(Duyvesteijn et al.,2005)。

  目前,Broad 研究所已经完成了尖孢镰刀菌番茄专化型基因组的测序工作(Ma et al.,2010),使得许多参与致病相关的因子被发现,如信号转导系统、细胞壁降解酶、克服寄主植物防卫系统和细胞器防卫系统等。这为我们进一步深入研究尖孢镰刀菌抗性与植物的互作提供了大量的生物信息。未来将有更多的寄主植物与尖孢镰刀菌基因组完成测序,蛋白质组学的研究将逐步完善,小RNA的研究也将进一步深入,这都为研究百合尖孢镰刀菌的抗性机制提供了信息与技术方法。

  本书将阐述百合悬浮细胞系的建立方法,以感病的东方百合商业栽培种为试验材料,利用体细胞无性系变异加压筛选抗病育种的中间材料。同时从细胞水平、生理生化水平和分子水平初步揭示其抗病机制。

第 2 章 百合悬浮细胞系的建立

植物细胞悬浮培养(cell suspension culture)是在液体培养的条件下,将植物细胞或细胞团经过不断搅动或振荡培养而得到的培养系统。这些细胞和聚集体来自愈伤组织、植物的某个器官或组织、幼嫩植株,其是植物细胞生长的微生物化过程(孙敬三和桂耀林,1995)。悬浮细胞团块小,分散性较好,细胞性状及细胞团大小一致,悬浮细胞生长繁殖迅速,悬浮培养得到的愈伤组织来源于单个细胞,因此建立百合悬浮细胞培养可为今后的研究工作奠定基础,本章主要是探讨如何建立百合悬浮细胞系。

2.1 悬浮细胞系的初始建立

取疏松易碎的'Casa Blanca'愈伤组织2g,用灭菌玻璃棒轻轻将其压碎,接入 MS(大量元素不加 NH_4NO_3)+毒莠定 1mg/L 和 MS(大量元素不加 NH_4NO_3)+麦草畏(Dicamba)1.5mg/L 两种液体培养基中振荡培养。每 100mL 三角瓶中加入 35mL 液体培养基。3 天后,将悬浮液用 150 目不锈钢筛过滤,收集滤液进行培养。悬浮培养前期,每 3 天继代一次,用尖头吸管移出 2/3 左右的上清液,并补充液体培养基至 35mL;继代 3 次后,取 5mL 悬浮细胞培养液至 100mL 三角瓶中,加入新鲜液体培养基 30mL,每 5~7 天继代一次。培养条件为:摇床转速 70r/min,温度 25℃,弱光。

在悬浮细胞培养的前期,每次继代前用 150 目不锈钢筛对培养物进行过滤,弃掉大的细胞团或愈伤组织,保留小细胞团,直至得到均一的悬浮系。每次更换培养基时将培养物摇匀,稍放置一会,将上层培养基连同其中的小细胞团倒入另一已加入新鲜培养液的瓶中,继续进行培养。

在两种液体培养基中就有肉眼可见的小颗粒愈伤组织,随着继代次数的增加,增殖效果出现明显差异。'元帅'在毒莠定 1mg/L 和麦草畏 1.5mg/L 浓度下都可以增殖,毒莠定 1mg/L 的增殖效果要优于麦草畏 1.5mg/L 的。在毒莠定 1mg/L 浓度下,悬浮培养物颗粒大而多,悬浮液呈浅黄色、透明;而在麦草畏 1.5mg/L 浓度下,悬浮培养物增殖效果差,颗粒大而少,悬浮液有些浑浊。'索蚌'、'元帅'在毒莠定 1mg/L 和麦草畏 1.5mg/L 浓度下也都可以增殖,但两种培养基的增殖效果几乎相同,悬浮培养物中的愈伤组织颗粒小,悬浮液透明。

2.2 继代次数与细胞形态之间的关系

在继代过程中，细胞悬浮液的颜色，细胞的形态、大小的数量都在不断发生着变化。

第 1、第 2 次继代时，细胞悬浮液为白色浑浊，显微镜下观察，细胞多数成团，保持较旺盛的分裂能力，单细胞大多呈长形、梭形、不规则形；5 次继代后，细胞开始增殖，但是增殖速度慢，颗粒大小不均匀，细胞形状不规则，整个细胞系不稳定。

随后，取悬浮细胞接种到不含激素的 MS 培养基上，未长出新的愈伤组织，说明细胞系转化为新的愈伤组织生成是不成功的。

2.3 关于百合细胞悬浮培养的讨论

一个成功的悬浮细胞系一般来说具备以下 3 个特征(孙敬三和桂耀林，1995)：一是悬浮培养物分散性良好，细胞团较小；二是均一性好，细胞形状和细胞大小大致相同，悬浮系外观为大小均一的小颗粒，培养基清澈透亮，细胞色彩呈鲜艳的乳白色或淡黄色；三是细胞生长迅速。影响悬浮系建立的因素包括起始愈伤组织的质量、起始培养的密度、培养基、培养条件(如培养温度)、继代周期、继代方式等。

用于细胞悬浮培养的愈伤组织来源可能对悬浮细胞的增殖率、分化率等产生较大的影响。悬浮细胞系的获得大多来源于胚性愈伤组织(Patricia et al., 2000)。本试验以花丝诱导出的疏松易碎的胚性愈伤组织为材料进行悬浮培养，获得了百合悬浮细胞系。在两种液体培养基中细胞都可以增殖，但是增殖速度慢，颗粒大小不均匀，细胞形状不规则，整个细胞系不稳定。不同基因型材料的愈伤组织是否是影响获得稳定悬浮系的关键因素还有待进一步研究。

悬浮培养物继代的方法有多种，本试验采取了吸取法的继代方式，用尖头吸管吸取 5mL 悬浮细胞培养液，加入新鲜培养基中进行继代。此继代方法值得进一步研究的是：通过吸取不同部分的培养物可能获得不一样的培养效果。吸取上层培养物继代，可能不会获得均一性好的单细胞或细胞团。上层培养物中大多数为空细胞，不具增殖能力；吸取中间培养物继代可能获得均一性好的单细胞或细胞团。继代后培养系中总的细胞密度可能较低，且有许多细胞是大而高度液泡化的细胞，细胞分裂生长能力弱，而且较小的细胞团适应新的继代培养系需要一个较长的时间，因此生长速度可能相对较慢；吸取底部培养物继代时可能吸取的细胞团较大，悬浮细胞团生长较快，易产生较大的细胞团，但也容易进入对数生长期。

培养基是否适合悬浮培养也是影响建立稳定悬浮系的因素之一。在本试验中采用了 MS（大量元素不加 NH_4NO_3）+毒莠定 1mg/L 和 MS（大量元素不加 NH_4NO_3）+麦草畏 1.5mg/L 两种液体培养基。由试验结果可知，两种培养基都可以促使细胞增殖，但是效果差异大。导致增殖效果差异大的原因可能是液体培养基中激素浓度的不适，也有可能是品种不同，对激素的感应不同。

综上所述，本试验获得了百合悬浮细胞系，但要获得稳定的悬浮细胞系就要综合考虑各种因素，寻找关键因素，并做进一步研究。

第3章 百合抗尖孢镰刀菌细胞突变系的筛选

百合枯萎病是百合切花和种球生产过程中危害较重的病害之一，全球百合种植区域都有侵染和为害的报道(Lim et al., 2005)。目前，防治该病的方法主要有两种：一是化学农药防治。该法可暂时抑制镰刀菌的为害，但使用成本高且污染环境，对人畜有一定副作用，同时使得主栽的百合商业品种产生抗药性，不利于现代农业的可持续发展(Löffler and Mouris, 1992)。二是培育和种植抗病品种。大量的田间实践表明，抗病育种是防治百合枯萎病经济、有效的措施之一，既避免了污染环境，又可降低成本和人力投入。因此，选育并合理利用抗病品种是非常有效的防治方法。

目前的百合商业栽培种主要为三类：亚洲百合、东方百合和铁炮百合。在亚洲百合栽培种中存在高水平镰刀菌抗性品种，铁炮百合对镰刀菌的抗性较低，而东方百合不抗镰刀菌。在百合的野生资源中也存在一些抗性品种，但是有些性状较差，如株型松散、花苞不直立等。将东方百合与野生百合进行远缘杂交，就要克服受精前后的障碍，并建立相应的柱头切割、胚挽救等技术体系，筛选出的株系还要进行多代的回交才能得到抗性好、商业价值高的株系，导致百合的抗病育种周期非常长。

百合的抗病育种受几个因素的限制：一是较长的生长周期；二是较慢的繁殖速度；三是在繁殖期间缺乏可靠的筛选方法(Van Heusden et al., 2002)。为加快百合的育种进程，应用细胞突变体离体筛选育种为抗病育种提供了新的途径。

细胞突变体离体筛选就是在离体培养条件下，利用微生物学的研究方法，以植物细胞为对象，在特定的条件下分离突变体(Scowcroft and Larkin, 1982; Skirvin, 1978; Švábová and Lebeda, 2005)。与常规作物选育新品种技术相比较，细胞突变体离体筛选技术主要有下列优点：①可以得到大量的变异种类，乃至发生自然界从未出现过的突变，从而为抗病筛选提供遗传基础；②可在相对比较小的空间内离体培养和诱导选择大量的组织或细胞；③可直接在细胞水平诱变和筛选突变植株，是高等植物抗病育种的一种创新方法，也可以较容易地从单倍体细胞筛选出隐性变异材料，再利用化学诱变剂将其加倍成二倍体或多倍体，从而可更快地获得纯合稳定的抗病性突变植株；④可在人为限定的控制条件下进行定向离体筛选，使得同位素跟踪、半微量分析等试验更容易进行，且不受地域与时令的限制；⑤可从细胞、组织及整株水平上开展生理生化、遗传规律及抗病机制的研究(顾玉成和吴金平，2004)。采用病原菌毒素或类似物质作为筛选压，已经选择得到了抗油菜黑胫病(Sarritan,1982)、抗甜菜褐斑病(马龙彪等,2001)、抗水稻纹枯病(唐定中等,1997)、抗烟草野火病(Carlson,1973)、抗小麦赤霉病(曹清波和余毓君,1991)、抗玉米小斑病(张举仁等,1998)、抗番茄晚疫病(张喜春等,2000)、抗茄子黄萎病(刘君绍等,2003)、抗香蕉枯萎病(漆艳香等,2007)、抗西瓜枯萎病(黄河勋等,2004)、抗大蒜叶斑病(Zhang et al.,2011)、抗苜蓿枯萎病(Hartman et al.,1984)、抗拟南芥白粉病(John and Shauna,2000)等的突变体。

在花卉上也得到了一些抗病突变体,如抗向日葵枯萎病(Kintzios et al.,1996)、抗菊花叶斑病(Kumar et al.,2008)、抗唐菖蒲枯萎病(Nasir et al.,2008)、抗香叶天竺葵叶斑病(Saxena et al.,2008)、抗康乃馨枯萎病(Thakur et al.,2002)等的抗病无性系。东方百合是市场上较受欢迎的品种,各方面的性状都比较好,但缺乏对镰刀菌的抗性,因此本章以东方百合商业栽培种为试验材料,从细胞水平对百合尖孢镰刀菌枯萎病的抗病性进行筛选,得到的突变植株经抗病性鉴定后可以作为育种的中间材料。

3.1 尖孢镰刀菌百合专化型毒素粗提液的活性和筛选压的确定

3.1.1 尖孢镰刀菌百合专化型毒素粗提液的活性

将马铃薯蔗糖琼脂(PSA)培养基上的尖孢镰刀菌百合专化型菌落划成5mm×5mm的方块,接种于装有150mL马铃薯蔗糖培养液的三角瓶中,每瓶3块,放置在控温摇床上,振荡培养15天。摇床转速为120r/min,温度为25℃。等尖孢镰刀菌的菌丝体长出,并且培养液由浑浊变为澄清时,用双层纱布过滤菌丝和分生孢子,滤液在300r/min条件下离心20min,取上清液煮沸15min,冷却后,用细菌过滤器灭菌处理后就获得无菌尖孢镰刀菌毒素粗提液。采用幼苗浸渍法和愈伤组织浸渍法进行活性测定(台连梅等,2004)。

幼苗浸渍法:取东方百合商业栽培种'Casa Blanca'愈伤组织再生植株,将根部的培养基洗干净,用灭菌水配制成体积分数为100%、80%、60%、40%、20%的尖孢镰刀菌毒素粗提液,分别浸泡根部,放25℃光照培养箱。逐日观察幼苗失水萎蔫情况。对照为无菌水浸泡。不同的处理浓度及对照处理30株,重复3次。病情分级标准:0级为健康无病;1级为1~2片叶的叶缘卷曲萎蔫;2级为3~4片叶卷曲萎蔫;3级为4~6片叶卷曲萎蔫;4级为叶片几乎全部萎蔫,甚至死亡。

愈伤组织浸渍法:用尖孢镰刀菌毒素粗提液浸泡东方百合商业栽培种'Casa Blanca'的胚性愈伤组织,并在浸泡24h、48h后取样制片,然后在日立S-3000N

型扫描电子显微镜下观察、拍照。对照是未用毒素粗提液浸泡过的胚性愈伤组织。

百合试管苗经尖孢镰刀菌毒素粗提液诱导后，叶片逐渐萎蔫，严重的枯死。从表 3-1 可以看出，在 100%体积分数下，第 2 天百合试管苗开始萎蔫，5 天后死亡；在 40%体积分数下，第 3 天叶片轻度萎蔫；在 20%体积分数下，第 4 天叶片只有轻度萎蔫。可见尖孢镰刀菌毒素粗提液体积分数越高，百合试管苗萎蔫越快，程度越重。

表 3-1 不同浓度的尖孢镰刀菌毒素粗提液对百合试管苗的影响

毒素体积分数	反应程度						
	第1天	第2天	第3天	第4天	第5天	第6天	第7天
100%	−	+	+++	+++	++++	++++	++++
80%	−	+	++	+++	+++	++++	++++
60%	−	+	+	++	+++	++++	++++
40%	−	−	+	+	++	+++	+++
20%	−	−	−	+	+	++	+++
CK	−	−	−	−	−	−	−

注："−"无反应，植株正常；"+"轻度反应，1~2 片叶的叶缘卷曲萎蔫；"++"中度反应，大多数叶片卷曲萎蔫；"+++"重度反应，全部叶片卷曲萎蔫；"++++"全部死亡

通过扫描电子显微镜观察经尖孢镰刀菌毒素粗提液诱导的'Casa Blanca'愈伤组织细胞(图 3-1)，发现尖孢镰刀菌毒素粗提液对胚性愈伤组织细胞具有毒害作用，且随着诱导时间的延长，毒害愈发严重。未经尖孢镰刀菌毒素粗提液诱导的胚性愈伤组织细胞紧密排列，细胞内有丰富的内含物；诱导 24h 后，胚性愈伤组织细胞出现塌陷和破裂的现象；诱导 48h 后，胚性愈伤组织细胞受到的毒害愈发严重，并发生大面积蜂窝状的塌陷，部分细胞解体。

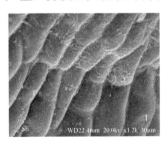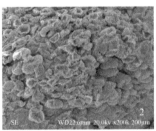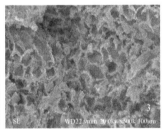

图 3-1 未经毒素处理和经毒素处理的'Casa Blanca'愈伤组织细胞的电镜扫描结果

1. 未经毒素处理的愈伤组织；2. 经毒素处理 24h 的愈伤组织；3. 经毒素处理 48h 的愈伤组织

用幼苗浸渍法和愈伤组织浸渍法测定尖孢镰刀菌毒素活力的结果显示，无论是植株水平，还是细胞水平，尖孢镰刀菌毒素都对百合产生致毒作用，且随着处

理时间的延长，毒害愈来愈重，由此说明在尖孢镰刀菌的发酵培养过程中其分泌的毒素已经充分释放到培养原液中，用此原液作为筛选压，对抗尖孢镰刀菌百合枯萎病的无性突变系选择是可行的。

3.1.2 筛选压的确定

配制体积分数 20%、40%、60%、75%的尖孢镰刀菌毒素粗提液，胚性愈伤组织的继代增殖培养基(经前期试验确定)为 MS(Murashige and Skoog，1962)+毒莠定 2mg/L+TDZ 0.03mg/L+水解酪蛋白 500mg/L+酵母提取物 500mg/L。对照为不添加尖孢镰刀菌毒素粗提液的胚性愈伤组织继代增殖培养基。将东方系列百合栽培种'Casa Blanca'的胚性愈伤组织转接到上述含有不同浓度毒素粗提液的增殖培养基上，置于培养室中培养 15 天后统计胚性愈伤组织的存活率。以存活率为 10%~30%的尖孢镰刀菌毒素浓度为临界致死浓度(查夫拉，2005)。

由表 3-2 可以看出，尖孢镰刀菌毒素对胚性愈伤组织的生长都表现出毒害作用。随着尖孢镰刀菌毒素浓度的增加，胚性愈伤组织的存活率在下降，毒害作用更加严重。在 75%浓度的尖孢镰刀菌毒素粗提液下，胚性愈伤组织的存活率为 25.00%。从愈伤组织的生长状态来看，培养至第 10 天时，75%的尖孢镰刀菌毒素粗提液诱导后的胚性愈伤组织较松散，且部分愈伤组织褐化死亡，只有极少数愈伤组织存活下来，因此，75%体积分数毒素粗提液诱导 15 天可作为大部分愈伤组织细胞生长的 1 个拐点，在抗尖孢镰刀菌无性突变系筛选试验中，75%的尖孢镰刀菌毒素粗提液就是临界致死浓度，因此，可以采用含 75%尖孢镰刀菌毒素粗提液的培养基作为选择抗病突变体的培养基。

表 3-2 不同浓度毒素粗提液对百合愈伤组织的影响

毒素浓度/%	存活率/%
CK	100.00a
20	100.00a
40	75.00b
60	53.33c
75	25.00d

注：同列不同的字母表示，不同毒素浓度处理之间差异显著性($P<0.05$)

3.2 百合抗尖孢镰刀菌枯萎病无性系的筛选

采取一步筛选法，将上述试验中确定为临界致死浓度的尖孢镰刀菌毒素粗提液附加到愈伤组织继代增殖培养基中，该培养基就是抗百合枯萎病筛选的选择培养基。将'Casa Blanca'的胚性愈伤组织转接于上述选择培养基上进行选择培养，15 天后把存活的胚性愈伤组织转接至未添加尖孢镰刀菌毒素粗提液的愈伤组织继代增殖培养基上培养 15 天，之后再转接至选择培养基进行选择培养，如此反复筛选 3 次。把最终存活的胚性愈伤组织转接至再生培养基(经前期试验确定)MS+6-BA 1.0mg/L+KT 0.1mg/L+IBA 0.1mg/L 中诱导植株分化，30 天后统计分化率。该试验重复做 2 次。

240 块'Casa Blanca'胚性愈伤组织经 75%尖孢镰刀菌毒素粗提液选择后，2 次重复分别有 31 块和 47 块胚性愈伤组织存活下来，存活率分别为 12.92%和 19.58%，其中分别有 9 块和 14 块胚性愈伤组织分化出了不定芽，分化率分别为 29.03%和 29.79%，突变率分别为 3.75%和 5.83%。以上结果表明，经过 75%尖孢镰刀菌毒素粗提液诱导的细胞已经发生突变，且部分抗尖孢镰刀菌毒素的突变基因得到表达，从而使得胚性愈伤组织能在尖孢镰刀菌毒素粗提液的临界致死浓度下存活下来。

3.3 百合抗尖孢镰刀菌枯萎病无性系的抗病性鉴定

将百合枯萎病尖孢镰刀菌的孢子悬浮液(孢子浓度 $1×10^6$ 个/mL)接种至'Casa Blanca'抗病无性系的根部，每处理 30 株，重复 3 次，每个重复 10 株。对照为未经筛选的再生百合植株。在接种后 0h、6h、12h、24h、48h、72h 分别取样，并在美国贝克曼库尔特公司的 DU640 型紫外分光光度计上测定过氧化物酶(POD)(李合生，2000)、苯丙氨酸解氨酶(PAL)(高俊凤，2006)、多酚氧化酶(PPO)(梁小红，2005)的活性，用 Excel 和 SPSS13.0 分析处理数据(Gomez, 1984)。15 天后观察筛选株的侵染情况。病情分级与 3.1.1 中幼苗浸渍法的分级标准相同。病情指数=Σ(病级植株数×病级代表数值)×100/(植株数总和×最高病级代表数值)(方中达，1998)。按供试样本的病情指数划分抗病性等级：高抗≤20.0，中抗 20.1～50.0，中感 50.1～80.0，高感≥80.0。

从图 3-2～图 3-4 可以看出，经尖孢镰刀菌百合专化型孢子悬浮液接种后，'Casa Blanca'抗尖孢镰刀菌无性系的 POD、PAL、PPO 活性都表现为先升高后降低的变化趋势。'Casa Blanca'抗尖孢镰刀菌无性系比对照感病无性系的 POD、PAL、PPO 活性都有提高。

与对照株系相比，'Casa Blanca'抗尖孢镰刀菌无性系接种尖孢镰刀菌孢子悬浮液后 15 天，其植株生长正常，对百合枯萎病表现一定的抗病性。抗病性鉴定结果(表 3-3)显示，'Casa Blanca'抗尖孢镰刀菌无性系达到中抗水平。

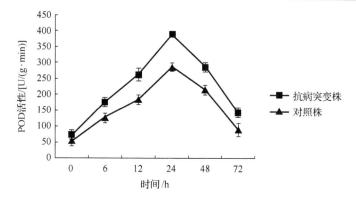

图 3-2 接种尖孢镰刀菌后不同时间百合组培苗叶片的 POD 活性

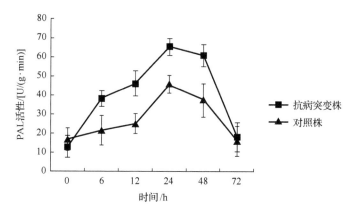

图 3-3 接种尖孢镰刀菌后不同时间百合组培苗叶片的 PAL 活性

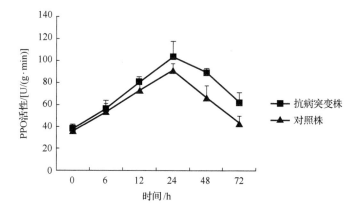

图 3-4 接种尖孢镰刀菌后不同时间百合组培苗叶片的 PPO 活性

表 3-3　抗尖孢镰刀菌无性系对枯萎病的抗性鉴定

品种	发病率/%	病情指数	抗性
'Casa Blanca'抗尖孢镰刀菌无性系	3.5	28	中抗
'Casa Blanca'	10.1	64	中感

3.4　关于筛选抗病无性系的讨论

3.4.1　真菌毒素及其筛选技术

本研究采取一步筛选法，将百合胚性愈伤组织培养在含有临界致死浓度的尖孢镰刀菌毒素粗提液的培养基上，反复筛选最终获得了抗尖孢镰刀菌无性系植株。利用病原真菌毒素作为筛选压，必须注意合适的选择浓度和选择周期，同时在起始选择时，应有大量的供选群体(海蒂弗斯和威廉斯，1991)。采用适宜的病原菌毒素浓度是抗病性突变体选择的关键，过高的病原菌毒素浓度不易获得数量较多的组织和细胞；但过低的毒素浓度也不易选择到抗病性突变组织和细胞。

3.4.2　突变体的鉴定技术

本研究中用尖孢镰刀菌孢子悬浮液接种百合抗尖孢镰刀菌无性系植株之后，'Casa Blanca'感病无性系与抗尖孢镰刀菌无性系植株叶片内的 PAL、POD、PPO 活性都呈现先升高后降低的变化趋势，但抗尖孢镰刀菌百合枯萎病的无性系植株的变化更加明显，酶活性维持在一个较高的水平，可见 PAL、POD、PPO 活性可作为初步鉴定抗病性突变体的指标。

第4章　百合抗尖孢镰刀菌细胞突变系的组织细胞学抗性

尖孢镰刀菌百合专化型(*Fusarium oxysporum* f. sp. *lilii*)引起的百合枯萎病,是百合切花和种球生产过程中发生的最严重的土传真菌病害之一,且在世界上广泛分布(Lim et al., 2005)。这种真菌并不是维管束寄生的,而是定殖型的,使细胞质壁分离并降解其皮层组织,从而导致严重的根部腐烂及种球基部基盘的腐烂。种球鳞片最终也会从腐烂的基盘断裂,病菌还会在表皮层通过气孔感染基盘外部的鳞片(Baayen and Schrama, 1990)。控制该病害最好的方法是培育抗病品种。利用尖孢镰刀菌毒素选择百合抗病无性系是获得抗病性种质的新手段。

总的说来,病原菌侵染植物,它的感染周围会形成木栓细胞或其他物质来阻碍病原物的入侵,这称为形态抗性。植物在形成木栓层之后不仅可以阻碍菌丝的进一步扩张和毒素的分泌,还能切断水和养分在植物组织中的正常运输,病原真菌就不能得到足够的水和养分,从而失去活动能力(Brammall and Higgins, 1988; Dixon and Lamb, 1990)。

在病原菌侵染之前,病原菌和寄主植株之间就会有一系列的相互作用。寄主植物分泌物或结构物质都会刺激病原真菌发生形态和生化的变化(Lengeler et al., 2000; Baayen et al., 1996; Rioux et al., 1995)。萎蔫型的病原菌从根部侵染,主要是在导管内的分生孢子逐渐增加,结果寄主组织结构发生病变,这就揭示了抗性机制起着非常重要的作用(Benhamou et al., 2001)。本章主要是对比百合抗病无性系和感病无性系在接种病菌前和接种病菌后的根部结构变化及病变。这将有利于揭示毒素筛选无性系的细胞学抗性机制,从而为该方法提供一定的基础。

4.1　抗病无性系和感病无性系的根部结构

用解剖刀切取未接种病菌的感病无性系和抗病无性系的根部组织,取 0.5~1.0cm 的小段。将切取的样品固定于 2.5%戊二醛(用 0.025mol/L pH 6.9 的磷酸缓冲液配制)中 2h。再将样品放置于 1%锇酸中再次固定。样品通过一系列不同浓度的乙醇进行脱水,之后包埋于 Epon812 中。超薄切片(0.5~1.0μm)用乙酸双阳铀-柠檬酸铅进行双重染色(Ouellette et al., 1999; Reynolds, 1963),而后置于透射电子显微镜下观察。

从抗病无性系和感病无性系根部的超微结构来看（图4-1），抗病无性系根部有更多的淀粉粒，而感病无性系根部的淀粉粒较少。在抗病无性系根部组织中平均每个细胞大约有 40 粒淀粉粒，而在感病无性系根部组织中平均每个细胞大约有 20 粒淀粉粒，抗病无性系根部组织细胞中的淀粉粒约是感病无性系的 2 倍。

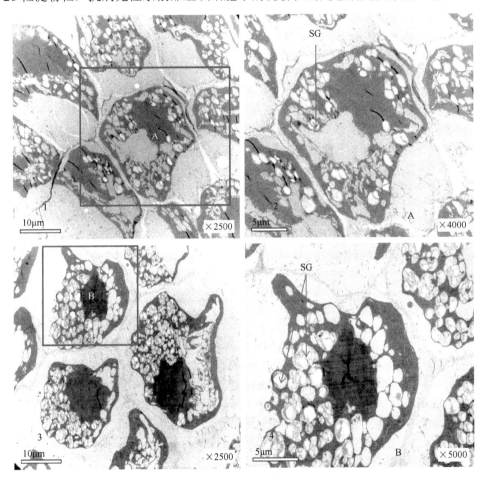

图 4-1　抗病无性系和感病无性系的根部组织结构

1～2. 感病无性系；图 2 为图 1 中 A 部分的放大图；3～4. 抗病无性系；
图 4 为图 3 中 B 部分的放大图；SG. 淀粉粒

4.2　抗病无性系和感病无性系在接种以后根部的细胞超微结构变化

将尖孢镰刀菌百合专化型菌株接种至马铃薯蔗糖液体培养基中，并置于摇床（转速 100r/min）上振荡培养 15 天，配制浓度 1×10^6 个/mL 的孢子悬浮液接种至百合感病无性系和抗病无性系的根部，感病无性系和抗病无性系均切去部分根以利于病菌侵染。3 个水处理和 3 个无损伤的无性系的重复作为对照。分别于接种后第 3 天、第 4 天、第 5 天、第 6 天切取感病无性系和抗病无性系根部长度为 0.5~1.0cm 的小段，分别切 4~5 株植株。然后按照透射电子显微镜切片步骤制作切片，而后置于透射电子显微镜下观察。

接种尖孢镰刀菌 3 天后，在感病无性系中，病原菌菌丝通过百合感病无性系组织的表皮细胞进入薄壁组织中并生长定殖，细胞发生质壁分离，有些细胞已经被降解，形成许多空洞。而在抗病无性系中，细胞状态较好，未观察到有菌丝侵入，细胞未被降解，但部分细胞器结构不正常(图 4-2)。

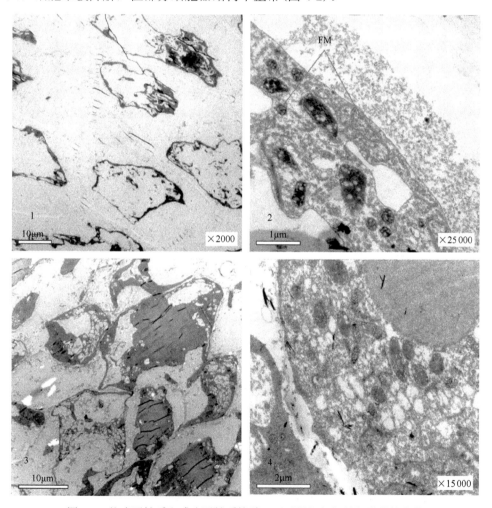

图 4-2　抗病无性系和感病无性系接种 3 天后根部组织的超微结构变化

1~2. 感病无性系接种 3 天后的超微结构变化；3~4. 抗病无性系接种 3 天后的超微结构变化；FM. 尖孢镰刀菌菌丝

接种尖孢镰刀菌4天后，在感病无性系中，尖孢镰刀菌的分生孢子侵入寄主细胞及细胞间隙中，细胞质膜、膜电子密度增加，细胞器无序排列，部分细胞解体。而在抗病无性系中，细胞状态较好，未观察到有菌丝侵入，细胞未被降解，但部分细胞发生质壁分离，细胞器结构不正常（图4-3）。

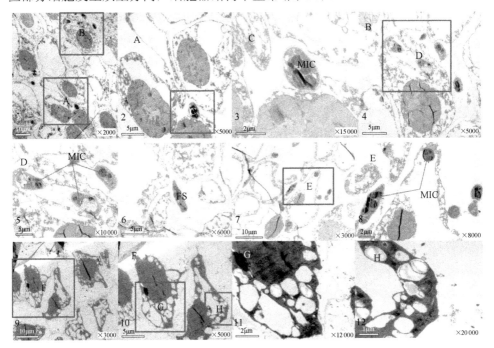

图4-3 抗病无性系和感病无性系接种4天后根部组织的超微结构变化

1～8. 感病无性系接种4天后的超微结构变化；图2和图4是图1中A和B部分的放大图；图3是图2中C部分的放大图；图5是图4中D部分的放大图；图8是图7中E部分的放大图。9～12. 抗病无性系接种4天后的超微结构变化；图10是图9中F部分的放大图；图11和图12是图10中G和H部分的放大图；MIC. 尖孢镰刀菌小型分生孢子

接种尖孢镰刀菌5天后，在感病无性系中，尖孢镰刀菌大型分生孢子和小型分生孢子侵入后破坏了寄主细胞，大量细胞降解，寄主细胞中有许多变形的细胞器，有些细胞已成空洞。而在抗病无性系中，仅在细胞间隙和细胞外围观察到小型分生孢子，部分有降解的细胞和分泌物（图4-4）。

接种尖孢镰刀菌6天后，尖孢镰刀菌小型分生孢子侵入百合根部组织后，破坏了根部细胞，大部分细胞已成空洞（图4-5）。在感病无性系中，大量细胞降解，且已成空洞；细胞间隙和细胞中有大量的分生孢子，且明显比抗病无性系中的多。而在抗病无性系的细胞中分生孢子较少，其中还有降解的细胞和分泌物。

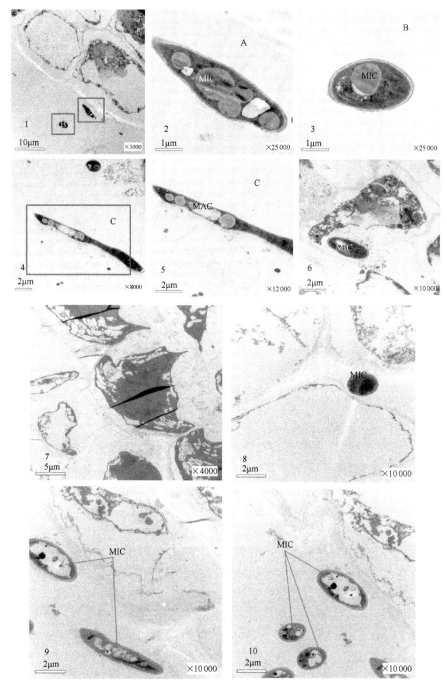

图 4-4 感病无性系和抗无性系接种 5 天后根部组织的超微结构变化

1~6. 感病无性系接种 5 天后的超微结构变化；图 2 和图 3 是图 1 中 A 和 B 部分的放大图；图 5 是图 4 中 C 部分的放大图；7~10. 抗病无性系接种 5 天后的超微结构变化；MIC. 尖孢镰刀菌小型分生孢子；MAC. 尖孢镰刀菌大型分生孢子

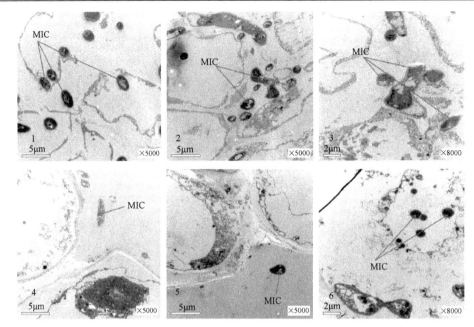

图4-5 感病无性系和抗病无性系接种6天后根部组织的超微结构变化
1~3. 感病无性系接种6天后的超微结构变化；4~6. 抗病无性系接种6天后的超微结构变化；MIC. 尖孢镰刀菌小型分生孢子

4.3 关于抗病无性系组织抗性的讨论

根据本章研究结果，感病东方百合品种'Casa Blanca'在经过尖孢镰刀菌毒素粗提液筛选后，其细胞结构发生了一些变化。在接种前，抗病无性系中有更多的淀粉粒，而在感病无性系中的淀粉粒较少，抗病无性系根部组织细胞中的淀粉粒约是感病无性系的2倍。推测淀粉粒可能贮藏了能量，对抗病性起到十分重要的作用。

在接种之后，从细胞和组织的超微结构来看，抗病无性系比感病无性系抗扩展能力更好。在感病无性系细胞中有菌丝、小型分生孢子、大型分生孢子，且孢子数量明显比抗病无性系中的多。抗病无性系组织细胞中产生大量的降解物，使其具备了阻碍尖孢镰刀菌进一步扩展的能力。

有研究发现乳突、表皮木质化、内部组织的胼胝化等的变化都能抵制病原菌的入侵（Benhamou and Lafontaine，1995）。Jiang等（2008）通过电子显微镜在日本梨的叶片上观察到了入侵栓。Edward 和 Bonde（2011）在大豆锈菌（*Phakopsora pachyrhizi*）的入侵和定殖过程中也观察到了入侵栓。Zheng等（2013）在研究白粉菌在辣椒叶片上的定殖过程中也观察到了入侵栓。入侵栓是寄主植物在抵御病菌过程中产生的一种特殊结构，可以延缓病原菌的侵入。但在本研究中并未观察到此类结构，仅发现抗病无性系中的淀粉粒较多，菌丝及分生孢子侵入延缓。

第 5 章　百合抗尖孢镰刀菌细胞突变系的生化抗性

寄主植物在受到病原菌侵染后会发生一系列生理生化变化，其中过氧化物酶（POD）、多酚氧化酶（PPO）、苯丙氨酸解氨酶（PAL）、β-1,3-葡聚糖酶、几丁质酶是跟寄主植物抗病性紧密相关的酶类。寄主植物在抵抗病原菌的侵染过程中，抗病性相关酶起到十分重要的作用，这主要包括了酚类代谢系统中的一些酶和病原相关蛋白家族。

POD 在寄主植物抗病反应中所起的关键作用主要表现在以下几个方面：①POD 参与木质素的合成（Whetten and Sederoff，1995）；有学者研究发现水稻在遭受黄单胞病菌侵染后，阳离子过氧化物酶可以在水稻叶肉细胞壁、细胞间隙及木质部导管腔内累积，致使水稻黄单胞病菌无法侵染到寄主细胞内，因此认为这种阳离子 POD 参与木质素的合成，与寄主植物的抗病性相关（Young et al.，1995）。②POD 可将寄主植物细胞内的酚类物质氧化成醌类物质，从而增强寄主植物的抗病性；有学者研究了洋葱与葱腐葡萄孢的互作后发现，在葱腐葡萄孢侵入洋葱表皮细胞的部位，酚类物质含量明显增多并形成颗粒沉积物，颗粒沉积物的形成与过氧化物酶的活性增强紧密相关（Mclusky et al.，1999）。③POD 参与木栓质的合成，从而加快了寄主植物伤口愈合的速度；有研究发现，在番茄组织和马铃薯块茎的过敏性反应中阴离子过氧化物酶催化合成木栓质（Bernards et al.，1999；Mohan and Kolattukudy，1990）。④POD 参与富含羟脯氨酸糖蛋白的合成，从而增强寄主细胞表面的强度（徐伟慧，2014）。

PAL 参与苯丙烷类代谢通路上的第一步反应，它参与植保素、黄酮、酚类物质及木质素等抗菌物质的合成，PAL 与寄主植物的抗病性紧密相关。有学者研究了枯萎病尖孢镰刀菌侵入西瓜幼苗后其叶片和根茎部组织中 POD 和 PAL 的活性变化，发现随着病原菌的侵入，抗病西瓜品种和感病西瓜品种体内 POD 和 PAL 两种酶活性都有不同程度的增强，但抗病西瓜品种的增强幅度比感病西瓜品种显著提高（许勇等，2000；徐敬华等，2004；Ren et al.，2008）。李捷等（2016）研究发现接种枸杞根腐病菌尖孢镰刀菌后，抗病的枸杞品种中 PAL 活性明显比感病品种的强。周瑜等（2016）研究发现接种糜子黑穗病菌后，感病品种糜子叶片中 PAL 活性变化幅度明显大于抗病品种。王绍敏等（2016）研究发现接种立枯丝核菌（*Rhizoctonia solani*）后 72h 内，玉米体内的 PAL 活性呈现出逐渐升高的趋势，并在 72h 时出现第一个峰值，随后 PAL 活性降低，在 144h 又呈现逐渐升高的趋势。

高等植物体内 PPO 是由核编码的含铜的金属蛋白酶，位于植物细胞质体内囊体,PPO 的底物位于细胞液泡内,当病原菌侵入寄主植物时,PPO 与底物结合,氧化底物合成醌类物质,多酚及醌类物质能使病原菌生长所必需的磷酸化酶和转氨酶的合成受阻,从而限制病原菌的进一步扩展。PPO 不但可以参与酚类物质的氧化,还可以参与木质素的合成,木质素除了可以增强寄主植物细胞壁对抗病原菌的压力外,还能抑制真菌酶和病原菌所分泌毒素的进一步扩散,进而限制了病原菌的侵入。PPO 氧化酶活性与抗病性相关(赵秀娟等,2013)。研究发现 PPO 活性与玉米抗感病害的研究结果吻合(马春红等,2011)。

本章主要是测定百合抗病无性系和感病无性系在接种尖孢镰刀菌和尖孢镰刀菌毒素前后的 POD、PAL、PPO、β-1,3-葡聚糖酶(余永廷等,2007)、几丁质酶(中国科学院上海植物生理研究所和上海市植物生理学会,1999)的活性变化。这将有利于揭示毒素筛选无性系的生化抗性机制,从而为该方法提供一定的生化理论基础。

5.1 抗病无性系和感病无性系的 POD 活性变化

经百合尖孢镰刀菌及毒素诱导后,抗病无性系和感病无性系的 POD 活性呈现先升高后降低的变化趋势(图 5-1),抗病无性系比感病无性系的 POD 活性有所提高,抗病无性系的 POD 活性在 48h 达最大,抗病无性系经百合尖孢镰刀菌诱导后,POD 活性峰值比感病无性系经百合尖孢镰刀菌诱导的提高了 322.03U/(g·min)。抗病无性系经毒素诱导后,POD 活性峰值比感病无性系经毒素诱导的提高了 244.33U/(g·min)。

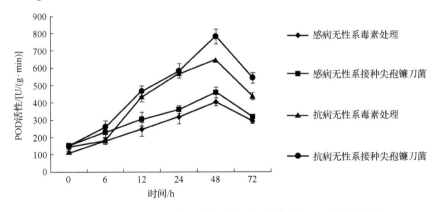

图 5-1 抗病无性系和感病无性系的过氧化物酶(POD)活性变化

5.2 抗病无性系和感病无性系的 PAL 活性变化

经百合尖孢镰刀菌及毒素诱导后,百合抗病无性系和感病无性系的 PAL 的活性均呈现出先升高后降低的变化趋势(图 5-2)。抗病无性系比感病无性系的 PAL 活性均有所提高,抗病无性系的 PAL 活性在 48h 达最大,抗病无性系经百合尖孢镰刀菌诱导后,PAL 活性峰值比感病无性系经百合尖孢镰刀菌诱导的提高了 93.34U/(g·min),抗病无性系经毒素诱导后,PAL 活性峰值比感病无性系经毒素诱导的提高了 203.33U/(g·min)。

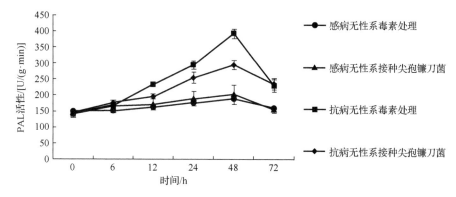

图 5-2 抗病无性系和感病无性系的苯丙氨酸解氨酶(PAL)活性变化

5.3 抗病无性系和感病无性系的 PPO 活性变化

经百合尖孢镰刀菌及毒素诱导后,抗病无性系和感病无性系的 PPO 活性呈现先升高后降低的变化趋势(图 5-3)。抗病无性系比感病无性系的 PPO 活性有所提高,抗病无性系的 PPO 活性在 48h 达最高,抗病无性系经百合尖孢镰刀菌诱导后,PPO 活性峰值比感病无性系提高了 64.00U/(g·min)。抗病无性系经毒素诱导后,PPO 活性峰值比感病无性系提高了 53.20U/(g·min)。

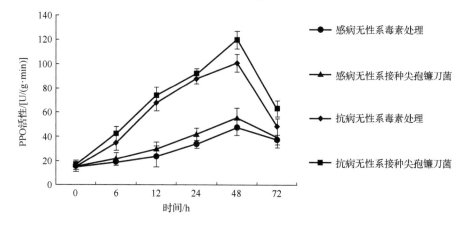

图 5-3 抗病无性系和感病无性系的多酚氧化酶(PPO)活性变化

5.4 抗病无性系和感病无性系的β-1,3-葡聚糖酶活性变化

经百合尖孢镰刀菌及毒素诱导后,抗病无性系和感病无性系的β-1,3-葡聚糖酶呈现逐渐升高的变化趋势(图5-4)。抗病无性系的β-1,3-葡聚糖酶活性急剧上升,抗病无性系经百合尖孢镰刀菌诱导后,活性比感病无性系提高了107.00U/(g·min)。抗病无性系经毒素诱导后,β-1,3-葡聚糖酶活性峰值比感病无性系提高了142.00U/(g·min)。

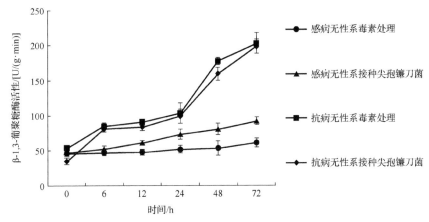

图5-4 抗病无性系和感病无性系的β-1,3-葡聚糖酶活性变化

5.5 抗病无性系和感病无性系的几丁质酶活性变化

经百合尖孢镰刀菌及毒素诱导后,抗病无性系和感病无性系的几丁质酶的活性均呈现先升高后降低的变化趋势(图5-5)。抗病无性系比感病无性系的几丁质酶活性都有所提高,但峰值提高不明显。

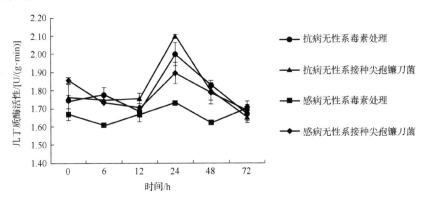

图5-5 抗病无性系和感病无性系的几丁质酶活性变化

5.6 关于抗病无性系生理抗性的讨论

寄主植物的抗病性是建立在一系列物质代谢的基础之上的,其中催化这些物质代谢反应的酶是关键(Geddes et al.,2008;Ge et al.,2001;Latha et al.,2009)。PAL 是植物莽草酸通路的关键酶和限速酶,在木质素的积累、植保素和酚类物质的合成中起十分关键的作用(Farkas and Stahmann,1996)。POD 是木质素合成的关键酶之一,在阻止活性氧的形成、清除活性氧等方面起着十分重要的作用,POD 的活性可间接反映寄主植物体内的活性氧代谢情况(Mehdy,1994)。PPO 能将寄主植物体内的酚类物质氧化成对病原菌有毒害作用的醌类物质(Avdiushko et al.,1993)。本章试验结果表明,在接种尖孢镰刀菌和用尖孢镰刀菌毒素诱导后,百合抗病无性系的 POD、PAL 和 PPO 活性均呈先升高后降低的趋势。

病程相关蛋白(pathogenesis-related protein,PR 蛋白)的累积是寄主植物获得系统抗病性的重要因子(Smith et al.,2009),β-1,3-葡聚糖酶和几丁质酶是寄主植物中重要的 PR 蛋白。寄主植物中的几丁质酶(chitinase)是其体内与抗病性紧密相关的一种酶。它能酶解病原真菌菌丝细胞壁中的几丁质,导致原生质膜破裂,从而破坏病原菌菌丝的正常生长,抑制病原菌菌丝的生长,破坏细胞内新物质的累积,最终导致病原真菌死亡。此外,酶解后产生的病原真菌细胞壁降解物还能发挥诱导物的作用,激活寄主植物的抗病性反应。本试验结果表明,在接种尖孢镰刀菌和用尖孢镰刀菌毒素诱导后,百合抗病无性系的几丁质酶活性呈现出先升高后降低的趋势。β-1,3-葡聚糖酶参与代谢作用合成的产物可以作为诱导物诱导与其他抗病反应有关的酶系,这些酶类促进了木质素、植保素等抗病物质的合成与积累,从而加强了寄主植物的抗病性(Mauch et al.,1988)。本章试验中百合抗病无性系接种尖孢镰刀菌和经尖孢镰刀菌毒素诱导后其体内 β-1,3-葡聚糖酶活性增加,表明尖孢镰刀菌毒素可能诱导了寄主植物的抗病性,且可能与植物的系统获得抗病性有关系。但在本研究中 β-1,3-葡聚糖酶活性呈现一直升高的状态并未形成山峰状,可能是诱导处理时间短造成的。

第 6 章　百合抗尖孢镰刀菌细胞突变系的转录组分析

百合枯萎病是一种普遍存在于百合生产国家和地区的主要真菌病害，发病严重时可造成百合种球和切花产量的大幅度降低。挖掘百合抗枯萎病病菌的相关基因可为百合抗病育种提供分子基础。目前虽然已经克隆了一些抗性相关基因，但百合复杂而巨大的基因组(36Gb)(杜方，2014)，使其可以获得的参考基因信息很少，制约了百合抗枯萎病性遗传改良。RNA-seq 作为一种新的转录组研究手段，可以更加简单、快速、准确地为人们提供大量的生物体转录水平信息，现已广泛应用于包括病原菌侵染后的寄主植物差异表达基因分析和新基因挖掘，进而解析抗病机制(Wu et al.，2010；Ward and Weber，2011；Strauβ et al.，2012；李湘龙等，2012)。本章以百合抗病无性系和感病无性系及接种枯萎病病菌 24h、48h 的抗病无性系和感病无性系为供试材料，借助 RNA-seq 技术中的 Illumina 测序技术，将生物信息学分析与分子生物学技术相结合，通过比对分析百合抗病无性系和感病无性系、百合枯萎病病菌胁迫下百合抗病无性系与感病无性系的转录本表达情况，在获得大量百合与枯萎病病菌互作分子信息与数据的基础上，挖掘抗性相关基因资源，从而阐述百合抗病无性系的抗病机制。

6.1　样品总 RNA 提取质量分析

分别将百合抗病无性系和感病无性系及接种百合尖孢镰刀菌 24h、48h 的组培生根苗叶片，利用 Trizol 法提取样品总 RNA，样品总 RNA 的电泳检测结果如图 6-1 所示。从图 6-1 可以看出，14 个百合样品总 RNA 电泳条带清晰明亮，且具有真核生物的 3 条完整特异带——28S rRNA、18S rRNA 和 5S rRNA。经安捷伦 2100 分析结果表明，总 RNA 完整性指数(RNA integrity number，RIN)均大于 6.5，rRNA

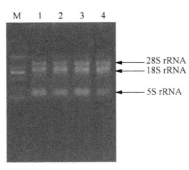

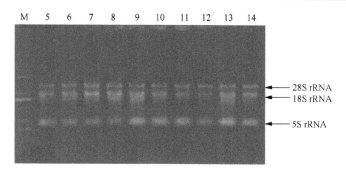

图 6-1 样品总 RNA 电泳检测结果图

M. DL2000 DNA marker(MD114);1~2. 百合抗病无性系接种尖孢镰刀菌 24h 后;6~9. 百合抗病无性系接种尖孢镰刀菌 48h 后;3~4. 百合感病无性系接种尖孢镰刀菌 24h 后;11~14. 百合感病无性系接种尖孢镰刀菌 48h 后;5. 百合抗病无性系;10. 百合感病无性系

比率(28S/18S)均大于 1,RNA 纯度即 $OD_{260/280}$ 值均大于 1.8,RNA 浓度(RNA concentration)均超过 200ng/μL,因此,14 个百合样品的总 RNA 质量可以满足建库及测序要求。

6.2 测序结果统计分析

委托云南精赛顿生物科技有限公司进行文库构建和 Illumina(Hiseq^{TM}2000)测序。实验流程如图 6-2 所示。

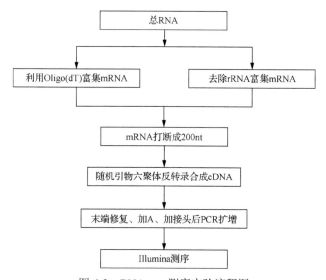

图 6-2 RNA-seq 测序实验流程图

对测序获得的原始 Reads(双端序列)进行评价过滤,得到的高质量数据利用 Trinity 进行从头组装,然后将 Clean-reads 数据比对回经过组装获得的转录本上,得到基因、转录本的表达量,通过过滤获得差异表达的基因和转录本。另外通过 Trans Decoder 识别组装后转录本序列中的蛋白质编码区域并对其进行功能注释。百合转录组的生物信息分析流程如图 6-3 所示。

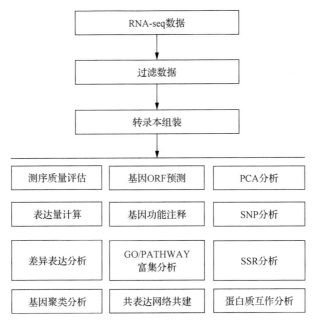

图 6-3 转录组生物信息分析流程图

14 个样品测序共得到 143.42Gb 数据量,573 对、692 对、261 对测序序列 (Reads)。用于组装的 14 个样品的测序数据 Q20(Q20 是评价 Reads 质量的标准) 都高于 0.90,具体评价结果见表 6-1,由表 6-1 中的数据可以看出本次转录组测序结果可以满足后续组装分析的质量要求。原始数据过滤情况见图 6-4。

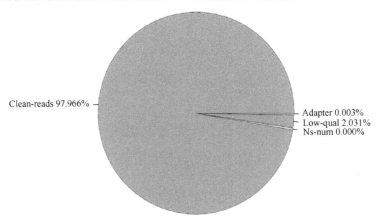

图 6-4 原始数据过滤情况

第6章 百合抗尖孢镰刀菌细胞突变系的转录组分析

表 6-1 样品测序数据质量评估一览表

RNA-seq sample	Raw-reads	Raw-bases	Read1-Q20	Read2-Q20	Read1-GC	Read2-GC	Ns-num	Low-qual	Adapter	Clean-reads	Clean-bases	Clean-rates
T00	34134751	8533687750	0.912	0.970	0.497	0.507	0	1661999	3294	32469458	7922547752	95.12%
T24-1	59345127	14836281750	0.965	0.973	0.563	0.552	0	117011	434	59227682	14451554408	99.80%
T24-2	40575087	10143771750	0.926	0.954	0.519	0.523	0	0	630	40574457	9900167508	100.00%
T24-3	35961565	8990391250	0.972	0.968	0.471	0.490	0	242914	512	35718139	8715225916	99.32%
T48-1	41690524	10422631000	0.953	0.958	0.491	0.502	0	180773	376	41509375	10128287500	99.57%
T48-2	36600145	9150036250	0.974	0.965	0.500	0.508	0	1749587	1310	34849248	8503216512	95.22%
T48-3	36075814	9018953500	0.909	0.962	0.534	0.540	0	1869554	2284	34203976	8345770144	94.81%
Y00	34363628	8590907000	0.908	0.962	0.474	0.497	0	1752293	1662	32609673	7956760212	94.90%
Y24-1	41369602	10342400500	0.952	0.957	0.475	0.498	0	165757	449	41203396	10053238624	99.60%
Y24-2	78356000	19589000000	0.927	0.952	0.492	0.505	0	0	1711	78354289	19118446516	100.00%
Y24-3	31787483	7945870750	0.905	0.963	0.491	0.503	0	1644364	2295	30140824	7354361056	94.82%
Y48-1	37014173	9253543250	0.943	0.956	0.479	0.499	0	94378	460	36919334	9008317495	99.74%
Y48-2	33129082	8282270500	0.972	0.976	0.475	0.486	0	157559	379	32971144	8044959136	99.52%
Y48-3	33289280	8322320000	0.970	0.970	0.465	0.484	0	246635	480	33042165	8062288260	99.26%

注: T00. 百合抗病无性系; T24-1、T24-2、T24-3. 百合抗病无性系接种尖孢镰刀菌24h后; T48-1、T48-2、T48-3. 百合抗病无性系接种尖孢镰刀菌48h后; Y00. 百合感病无性系; Y24-1、Y24-2、Y24-3. 百合感病无性系接种尖孢镰刀菌24h后; Y48-1、Y48-2、Y48-3. 百合感病无性系接种尖孢镰刀菌48h后

6.3　组装结果统计和评估

6.3.1　组装结果统计

采用 Trinity 进行转录本的组装拼接。将 Trinity 拼接获得的转录本序列用 cd-hit=est 去冗余,作为后续分析的参考序列。对转录本及 Unigene 的长度分别进行统计,统计结果见表 6-2 和 6-3。Transcripts GC 与长度分布统计见图 6-5。

表 6-2　转录组组装结果统计

	Transcript 长度	Transcript 数量	Unigene 长度	Unigene 数量
N10	3 214	2 938	3 274	2 092
N20	2 366	7 521	2 375	5 402
N30	1 876	13 476	1 853	9 776
N40	1 510	20 891	1 449	15 333
N50	1 178	30 242	1 080	22 597
N60	871	42 556	763	32 661
N70	618	59 565	525	47 163
N80	422	84 069	365	68 165
N90	285	120 291	263	97 881

表 6-3　转录组组装结果 Transcript/Unigene 长度统计

长度/bp	Transcript		Unigene	
	数量	百分比/%	数量	百分比/%
≥200	172 798	100.00	137 715	100.00
≥500	72 360	41.88	49 503	35.95
≥1 000	36 659	21.21	24 584	17.85
≥2 000	11 598	6.71	8 233	5.98
≥5 000	481	0.28	392	0.28
合计	172 798	100.00	137 715	100.00

6.3.2　组装结果评估

采用 CEGMA 的 248 个核心基因集对转录组的组装完整性进行评估,共 95.97% 的 CEG 覆盖大于 70%(表 6-4)。

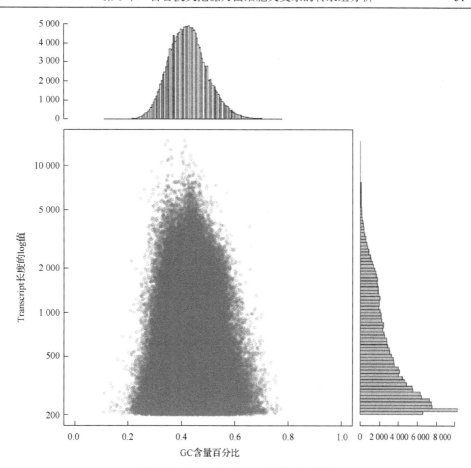

图 6-5　Transcript GC 与长度分布统计

表 6-4　CEGMA 评估结果

对比组	# Prots	%Completeness	# Total	Average	%Ortho
Complete	244	98.39	654	2.68	76.23
Group1	65	98.48	187	2.88	81.54
Group2	54	96.43	131	2.43	64.81
Group3	60	98.36	153	2.55	75.00
Group4	65	100.00	183	2.82	81.54
Partial	246	99.19	748	3.04	81.30
Group1	66	100.00	204	3.09	83.33
Group2	55	98.21	159	2.89	72.73
Group3	60	98.36	172	2.87	83.33
Group4	65	100.00	213	3.28	84.62

注：#Prots=在基因组中有 248 个超保守的 CEG；%Completeness=248 个超保守的 CEG 的百分比；#Total=目前的 CEG 总数包括推定的同源序列；Average=每 CEG 的平均同源序列数；%Ortho=检测到的 CEG 中有超过 1 个同源序列的百分比

6.4 Unigene 的功能注释

基因结构注释具体方法如下。

6.4.1 ORF 预测

利用 Trans Decoder 进行 ORF 预测,从而得到这部分基因编码的核酸序列和氨基酸序列。

6.4.2 SSR 分析

采用 MISA 软件(1.0 版,默认参数;对应的各个 unit size 的最少重复次数分别为 1-10、2-6、3-5、4-5、5-5、6-5)对 Unigene 进行 SSR 检测(http://pgrc.ipk-gatersleben.de/misa/misa.html)。

基因表达分析具体方法如下。

(1)基因表达水平分析

采用了 RSEM 软件对获得的数据进行统计分析,然后分析基因的表达水平。

(2)差异表达分析

将百合抗病无性系和感病无性系样品、百合抗病无性系和感病无性系接种百合尖孢镰刀菌 24h 后样品、百合抗病无性系和感病无性系接种百合尖孢镰刀菌 48h 后样品的 Unigene 表达量进行对比,使用 IDEG6 软件(http://telethon.bio.unipd.it/bioinfo/IDEG6)进行广义卡方检验,得到的 P 值通过多重假设检验(FDR)进行校正,然后取 FDR 值小于 0.01,且在样品间 RPKM 比值 2 倍以上的 Unigene 作为差异表达基因。

6.4.3 差异表达基因聚类

差异表达基因聚类依据样品间的组合方式进行,凭借 Cluster3.0 软件,对选择出的差异表达基因进行层次聚类分析,将具有相同或相似表达的基因聚到一起。

基因功能注释涉及 Unigene 注释和富集分析。

Unigene 注释所用到的数据库主要有以下几个:

(1)Nr(NCBI non-redundant protein sequences)是 NCBI 官方的蛋白质序列数据库(http://www.ncbi.nlm.nih.gov),包含 SwissProt、PIR、PRF、PDB 蛋白质数据库及从 GenBank 和 Refseq 的 CDS 数据翻译过来的蛋白质数据。使用比对软件 BLASTX,参数选择为 E 值<1e-5。

(2)Nt(NCBI nucleotide sequences)是 NCBI 官方的核酸序列数据库(http://www.

ncbi.nlm.nih.gov)，包含了 GenBank、Refseq 和 PDB 的数据。使用比对软件为 BLASTN，参数选择为 E 值<le-5。

(3) SwissProt(http://www.uniprot.org)是一个经专家校对过的蛋白质数据库，使用比对软件 BLASTX，参数选择为 E 值<le-5。

(4) GO(Gene Ontology, http://www.genepntology.org)是一个国际标准化的基因功能分类体系。GO 总共有 3 个 ontology(本体)，分别描述基因的分子功能(molecular function)、细胞成分(cellular component)、参与的生物过程(biological process)。使用软件为 BLAST2GO，参数选择为 E 值<le-5。

(5) KEGG(Kyoto Encyclopedia of Gene and Genomes, http://www.genome.jp/kegg)整合了当前生物化学中关于化合物、反应和分子作用网络等方面的知识，使用对比软件 BLASTX，参数选择为 E 值<le-5。

(6) KOG/COG 数据库(http://www.ncbi.nlm.nih.gov/COG)：COG 为 Cluster of Parathologous Groups of Proteins 的简称，KOG 为 eu Karyotic Ortholog Groups 的简称。这两个注释系统都是 NCBI 网站的，其中 COG 针对原核生物，KOG 针对真核生物。使用比对软件 BLASTX，参数选择为 E 值<le-5。

(7) Pfam(Protein family)：最全面的蛋白质结构域注释的分类系统，通过 HMMER3 程序，可以搜索已建好的蛋白质结构域的 HMM 模型，从而对 Unigene 进行蛋白质家族的注释。Pfam 仅分析预测到 ORF 的 Unigene，hmmscan 阈值为 le-3。

富集分析主要是对获得的差异表达基因进行 GO 和 KEGG pathway 富集分析。

本研究对 Unigene 与公共数据库(Nr、Nt、GO、KEGG、KOG/COG、Pfam、SwissProt)进行比对，并做生物信息学注释，共得到 137 715 条 Unigene 的注释结果，具体见表 6-5 及图 6-6～图 6-9。

表 6-5 注释结果统计

数据库	Unigenes 数量	Unigenes 占比/%
GO	27 383	19.88
KO	19 906	14.45
KOG	28 704	20.84
Nr	48 769	35.41
Nt	24 458	17.76
Pfam	18 854	13.69
SwissProt	33 411	24.26
注释数	55 226	40.10
总单基因数	137 715	100.00

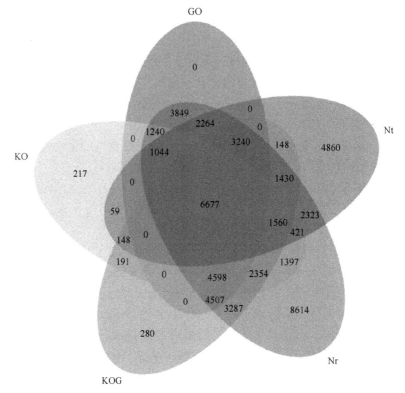

图 6-6　注释结果 Venn 图

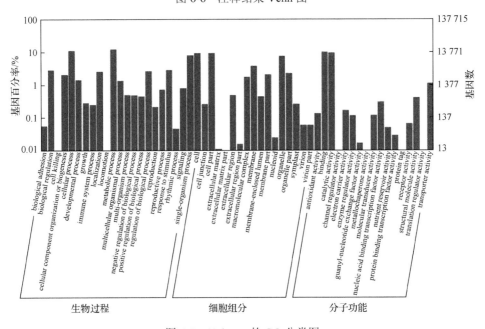

图 6-7　Unigene 的 GO 分类图

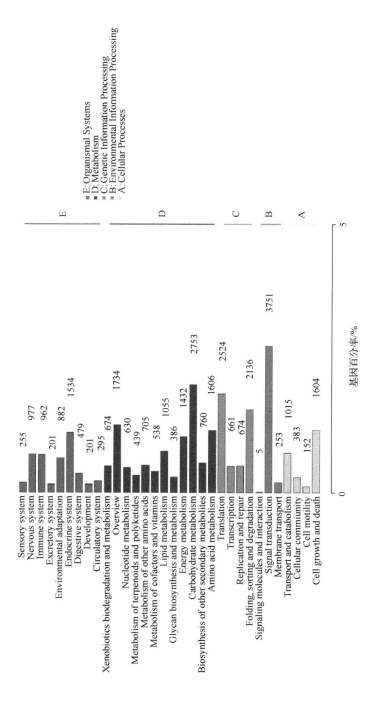

图6-8 Unigene的KEGG pathway分类图

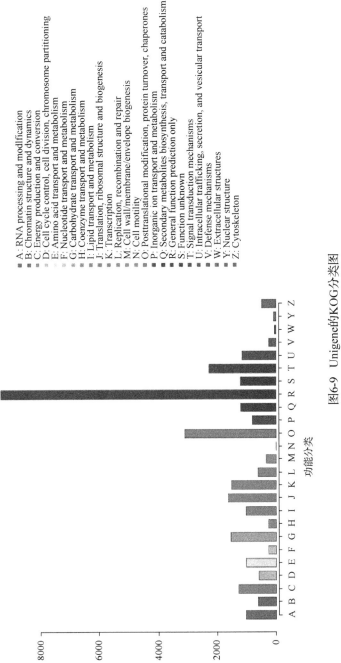

图6-9 Unigene的KOG分类图

6.5 SSR 分析

采用 MISA(1.0 版,默认参数:对应的各个 unit size 的最少重复次数分别为 1-10、2-6、3-5、4-5、5-5、6-5)对 Unigene 进行 SSR 检测,本次试验共获得 SSR 标记 11 889 个。SSR 种类十分丰富,1~6 个碱基重复的 SSR 类型都有,这为以后构建遗传图谱和目标基因定位等方面的研究提供了基础数据(图 6-10)。

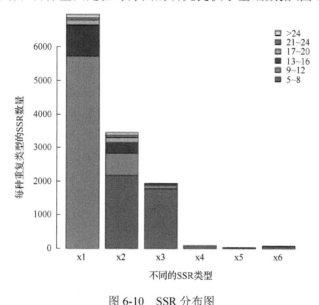

图 6-10 SSR 分布图

6.6 百合抗病无性系和感病无性系及不同接种时间点差异基因分析

6.6.1 百合抗病无性系和感病无性系两分组差异基因筛选

两分组分析是为了获得百合抗病无性系和感病无性系及其接种尖孢镰刀菌百合专化型后的不同时间点两者之间的差异表达基因信息。利用 RSEM 将各样本转录组数据 mapping 到转录组组装结果上。得到各样本基因/转录本表达量。取样品间差异表达基因($P<$1e-3, fold change$>$2),表 6-6 为样品间差异表达基因的数量,对样品和差异表达基因做聚类分析,如图 6-11、图 6-12 所示。结果显示,百合抗病无性系与感病无性系的差异表达基因数量为 1679 个,表达上调的基因数量为 962 个,表达下调的基因数量为 717 个。百合抗病无性系接种尖孢镰刀菌百合专化型 24h、48h 后的差异表达基因数量分别为 433 个和 155 个,百合感病无性系接

表 6-6　差异基因表达数目统计表

组合	所有 DEG/个	上调基因数/个	下调基因数/个
T00-Y00	1679	962	717
T48-Y48	4051	2035	2016
T24-T00	433	260	173
T48-T00	155	89	66
Y24-Y00	550	465	85
Y48-Y00	799	588	211

注：T00-Y00 表示百合抗病无性系与感病无性系样品之间转录组数据的比对组合；T48-Y48 表示百合抗病无性系与感病无性系接种尖孢镰刀菌 48h 后的样品之间转录组数据的比对组合；T24-T00、T48-T00 分别表示百合抗病无性系接种尖孢镰刀菌 24h 和 48h 后的样品之间转录组数据的比对组合；Y24-Y00、Y48-Y00 分别表示百合感病无性系接种尖孢镰刀菌 24h 和 48h 后的样品之间转录组数据的比对组合

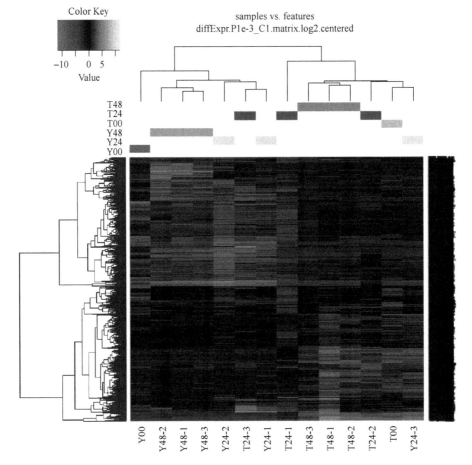

图 6-11　样品间差异表达基因聚类分析热图

种尖孢镰刀菌百合专化型 24h 和 48h 后的差异表达基因数量分别为 550 个和 799 个。百合抗病无性系和感病无性系接种尖孢镰刀菌百合专化型 48h 后的差异表达基因数量为 4051 个，表达上调的基因数量为 2035 个，表达下调的基因数量为 2016 个。此外，百合抗病无性系和感病无性系接种尖孢镰刀菌百合专化型后 48h，差异表达基因明显增加。百合抗病无性系接种尖孢镰刀菌百合专化型 48h 后差异表达的基因数量比 24h 的减少了；而百合感病无性系接种尖孢镰刀菌百合专化型 48h 后差异表达的基因数量比 24h 的增加了，由此说明百合抗病无性系的抗病性增强了。

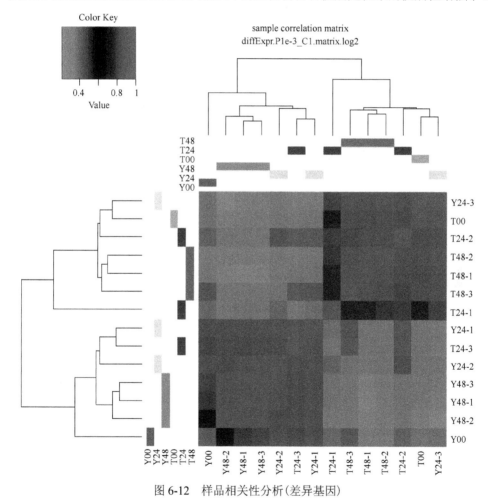

图 6-12 样品相关性分析（差异基因）

6.6.2 差异基因功能注释及分类

6.6.2.1 百合抗病无性系和感病无性系差异基因分析

通过 COG 功能注释方法，将产生的新 Unigene 和 COG 数据库进行比对分析，研究编码蛋白质及其进化关系。结果显示(图6-13),我们得到的功能类别比较全面,DNA结合(DNA binding)差异基因数目最多(53个)。另外还发现与抗性相关的功能注释信息,如有18个差异基因参与生物刺激反应(response to biotic stimulus),22个差异基因参与防卫反应(defense response),7个差异基因参与水杨酸反应(response to salicylic acid),5个差异基因参与几丁质分解过程(chitin catabolic process),6个差异基因参与几丁质结合(chitin binding),9个差异基因参与过氧化物酶活性(peroxidase activity)。

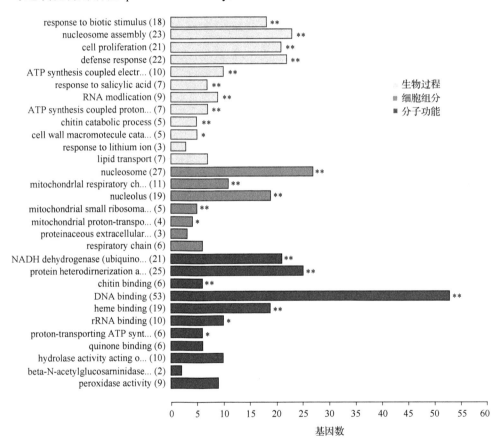

图6-13 百合抗病无性系和感病无性系差异基因

6.6.2.2 百合抗病无性系和感病无性系接种尖孢镰刀菌48h后的差异基因分析

对百合抗病无性系和感病无性系接种尖孢镰刀菌48h后的差异基因进行COG分析(图6-14),结果显示,细胞质膜差异基因数目为114个,而与抗性相关的功能注释包括:几丁质分解过程(10个)、细胞壁大分子代谢(10个)、ATP合成(8

个)、细胞葡聚糖代谢(10个)和氧化还原酶活性(68个)。

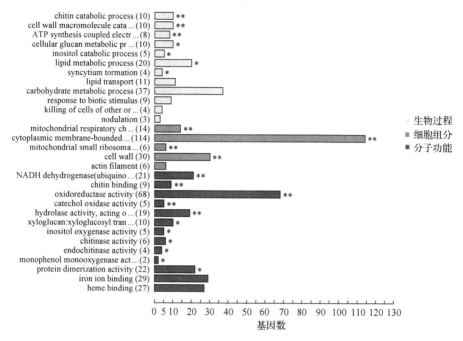

图 6-14　百合抗病无性系和感病无性系接种尖孢镰刀菌 48h 后的差异基因

6.6.2.3　百合感病无性系接种尖孢镰刀菌 24h 后的差异基因分析

对百合感病无性系接种尖孢镰刀菌 24h 后的差异基因进行 COG 分析(图 6-15),结果显示,叶绿体差异基因数目为 23 个,而与抗性相关的功能注释包括:生物刺激反应(8 个)、几丁质分解过程(5 个)、细胞壁大分子代谢(5 个)、ATP 合成(5 个)、防卫反应(8 个)、对真菌的防卫反应(4 个)、几丁质酶活性(3 个)和氧化还原酶活性(13 个)。

6.6.2.4　百合感病无性系接种尖孢镰刀菌 48h 后的差异基因分析

对百合感病无性系接种尖孢镰刀菌 48h 后的差异基因进行 COG 分析(图 6-16),结果显示,结构组分差异基因数量为 31 个,而与抗性相关的功能注释包括:生物刺激反应(7 个)、几丁质分解过程(10 个)、细胞壁大分子代谢(11 个)、防卫反应(9 个)、对真菌的防卫反应(7 个)、几丁质酶活性(6 个)和氧化还原酶活性(2 个)。

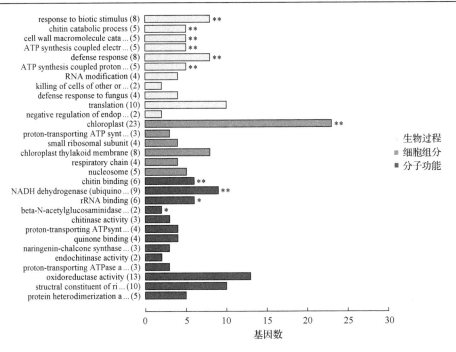

图 6-15　百合感病无性系接种尖孢镰刀菌 24h 后的差异基因

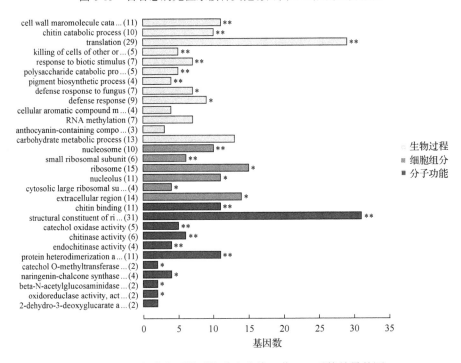

图 6-16　百合感病无性系接种尖孢镰刀菌 48h 后的差异基因

6.6.2.5 百合抗病无性系接种尖孢镰刀菌24h后的差异基因分析

对百合抗病无性系接种尖孢镰刀菌 24h 后的差异基因进行 COG 分析(图6-17),结果显示,DNA 结合差异基因数目为 15 个,而与抗性相关的功能注释包括:细胞壁(5 个)、钙离子运输(3 个)、L-赖氨酸分解代谢(1 个)、木质部和韧皮部模型基因(2 个)。

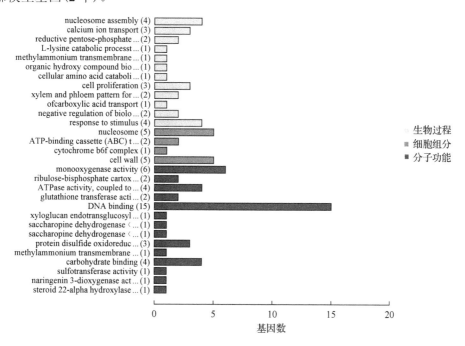

图 6-17 百合抗病无性系接种尖孢镰刀菌 24h 后的差异基因

6.6.2.6 百合抗病无性系接种尖孢镰刀菌48h后的差异基因分析

对百合抗病无性系接种尖孢镰刀菌 48h 后的差异基因进行 COG 分析(图6-18),结果显示,DNA 结合差异基因数目为 10 个,而与抗性相关的功能注释包括:细胞壁(5 个)、细胞葡聚糖代谢(4 个)、胞吞作用受体调节(1 个)、Ⅰ型过敏反应(1 个)、光保护作用(1 个)、胼胝质防卫反应(1 个)、淀粉形成淀粉粒(1 个)、丝氨酸肽链内切酶(2 个)、淀粉合成酶活性(1 个)和营养贮藏活性(2 个)。

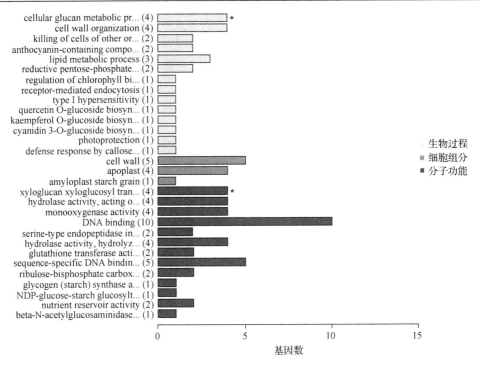

图 6-18 百合抗病无性系接种尖孢镰刀菌 48h 后的差异基因

6.7 Q-PCR 验证

实验共获得 137 715 条的注释结果。为验证实验测序结果的可靠性,挑取了百合抗病无性系和感病无性系中共表达的 11 个差异基因进行分析。

为验证 RNA-seq 技术中的 Illumina 测序数据所获得的差异表达基因的可靠性,实验选取了 7 个在百合抗病无性系和感病无性系中共同上调表达的差异基因,以及 4 个典型的病程相关蛋白即几丁质酶(Chigi691193462)、过氧化物酶(POD, gi636022329)、多酚氧化酶(PPO, gi767859558)、苯丙氨酸解氨酶(PAL, gi393793951),共 11 个候选差异表达基因进行 Q-PCR 检测。以百合抗病无性系和感病无性系、百合抗病无性系和感病无性系接种尖孢镰刀菌百合专化型的孢子悬浮液 24h 后、百合抗病无性系和感病无性系接种尖孢镰刀菌百合专化型的孢子悬浮液 48h 后的第一链 cDNA(稀释 10 倍)为模板,依据差异基因的序列设计特异性引物(表 6-7),以 Actin 为内参基因,采用 SYBR Green 染料法在 ABI7500 荧光定量 PCR 仪上开展 Q-PCR 检测。反应体系总体积 25μL,包括 12.5μL Fast Start Universal SYBR Green PCR Master(ROX)、0.4μmol/L 引物和 2.0μL 模板。反应条件为 50℃孵育 2min;95℃预变性 10min;95℃ 15s,60℃ 1min,进行 40 个循环。

实验结果采用 $2^{-\triangle\triangle Ct}$ 计算方法来分析基因表达量(Kj and Td，2001)。

表 6-7 差异表达基因的 Q-PCR 所用引物

基因 ID	正向引物(5'-3')	反向引物(5'-3')
TRINITY_DN132945_c0_g1	CTCTAGCACTGCTTCCTAAG	TCATCGGTTCTAATGTTTACT
TRINITY_DN144416_c3_g4	GACAAGGGTGCTATTGAGAT	CGCACAACAAATCCACTT
TRINITY_DN121322_c1_g1	GCACCGTAAACCATGTATGT	CTTCCTTTGTCTTCCAGTTGT
TRINITY_DN144125_c0_g2	AGCGATTTAGGCATTTACTT	AGTGACGATCAATGTTTGAC
TRINITY_DN139810_c10_g2	CAGTCATCCAGAACCACAAC	CCATCCAAATCTCCTACAAC
TRINITY_DN127088_c0_g1	ACTCACGAACCCTTTCACT	ATCGGTGTATTGGCTCACT
TRINITY_DN127553_c0_g1	GAAGATGGCTTCCTGAAAT	GTTCCCAGCTTTATCAACTC
Chi, gi691193462	GGCCACCGACCCGACCATCT	CCAGGAACTCTGCCGCCCAACT
POD, gi636022329	TAACTGGAGGACCCACTATTGAC	TCCGATAGAAGATGTCCCTGA
PPO, gi767859558	GGCGGAGGTGGCCCCATTCA	GCCTCGGCGTATTTGGCGATGTA
PAL, gi393793951	AAACCTAAACAAGACCGTTATGCC	TTATTGCGTGCTACGTCGATGAGTG
Lily Actin	GCATCACACCTTCTACAACG	GAAGAGCATAACCCTCATAGA

DN132945. 氧化还原酶基因；DN144416. 细胞色素氧化酶基因；DN121322. 病程相关蛋白 PR-1；DN144125. 病程相关蛋白 PR-5；DN139810. 几丁质结合基因；DN127088. NADH 脱氢酶基因；DN127553. 泛醌基因

结果显示(图 6-19)，11 个差异表达基因的实时荧光定量检测结果与测序结果相近，且上调、下调表达趋势基本相符，由此表明本研究中测序结果较为可靠。

6.8 关于转录组测序技术的应用

RNA 测序技术不必通过预先的假定条件就可以得到特定条件下组织或细胞的转录活性(包括编码和非编码)，极大地推进了人们对基因表达的研究。目前，随着 RNA 测序技术的不断更新，样品制备技术的不断完善及数据统计分析方法的不断改进，加快了转录组数据的深入挖掘。Illumina 技术可以获得数千万条甚至数十亿条 Reads，使我们不但能注释编码的 SSR 及 SNP，还能发现新转录本和罕见转录本，同时识别调控 RNA 和确定转录本的表达丰度等，从而得到更为准确完整的基因功能图谱。近年来，转录组测序技术已被广泛应用于各种研究当中，如玉米抗禾谷镰刀菌的转录组分析(刘永杰，2016)、禾谷镰刀菌侵染小麦小穗的转录组分析(赵兰飞，2016)、桉树焦枯病菌诱导下的桉树转录组分析(陈全助，2013)、泸定百合转录组分析(姜福星等，2015)、百合不同器官转录组分析(杜方，2014)等。

本章研究中 14 个百合样品测序共获得 143.42Gb 的数据量，573 对、692 对、261 对 Reads。通过将抗病无性系和感病无性系分样品测序数据组装，构建了 Unigene 库。

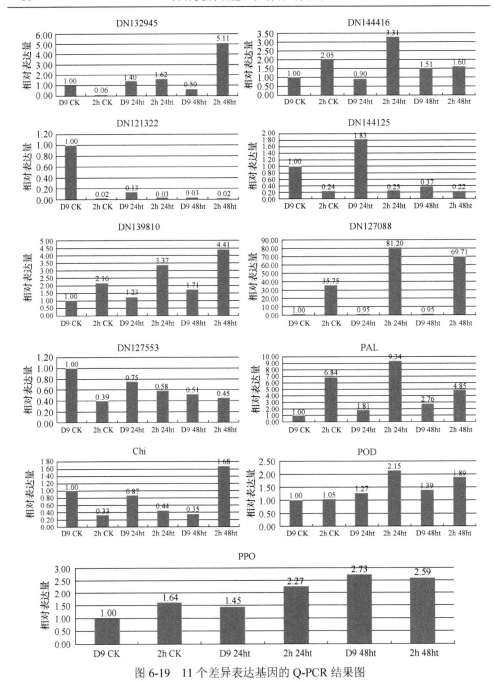

图 6-19 11 个差异表达基因的 Q-PCR 结果图

DN132945. 氧化还原酶基因；DN144416. 细胞色素氧化酶基因；DN121322. 病程相关蛋白 PR-1；DN144125. 病程相关蛋白 PR-5；DN139810. 几丁质结合基因；DN127088. NADH 脱氢酶基因；DN127553. 泛醌基因；D9 CK. 百合感病无性系；2hCK. 百合抗病无性系；D9 24ht. 百合感病无性系接种尖孢镰刀菌后 24h；2h 24ht. 百合抗病无性系接种尖孢镰刀菌后 24h；D9 48ht. 百合感病无性系接种尖孢镰刀菌后 48h；2h 48ht. 百合抗病无性系接种尖孢镰刀菌后 48h

6.9 关于 Unigene 的生物信息学的注释

东方百合栽培种是个高度杂合的花卉植物，其基因组大小为 36Gb 左右，至今其全基因组测序尚未完成。本研究对测序获得的 Unigene 进行生物信息学注释，一共获得 137 715 条的注释结果。注释的 Unigene 涉及分子功能、细胞组件及生物过程等功能，并在此基础上得到了与抗病性相关的功能注释信息，如信号转导机制(signal transduction mechanisms)、能量产生与转导(energy production and conversion)、离子转运机制(inorganic ion transport and metabolism)和防卫机制(defense mechanisms)等。途径(pathway)聚集分析显示，差异基因参与了包括植物激素信号转导途径(plant hormone signal transduction，ko04075)、氧化磷酸化途径(oxidative phosphorylation，ko00190)、苯丙氨酸代谢途径(phenylalanine metabolism，ko00360)、核糖体途径(ribosome pathway，ko03010)等抗性相关代谢途径。尖孢镰刀菌诱导了多种抗病途径、差异表达基因涉及植物激素信号转导、防卫机制、苯丙氨酸代谢途径等，此抗病过程几乎涉及生命活动的各个方面，反映了百合抗尖孢镰刀菌受到多基因网络系统的调控(Coram et al.，2008；Bolton et al.，2008；Bozkurt et al.，2010)。

6.10 抗病性相关代谢路径及差异基因分析

不同寄主植物对不同病原物的抗病机制是不同的。很多在抗病反应中的分子机制在感病反应中也会表现，虽然该反应可能会表现得较迟缓和微弱，但感病寄主植物在外观和生理上的变化最终还是由分子水平变化引起的。寄主植物抗病反应和感病反应的主要差别就表现在寄主植物对病原物侵染识别的关键时间点及激发防卫反应的速度和有效性，感病寄主植物因为防卫反应缓慢、信号弱，以致病原物在其体内快速定殖扩展从而使寄主植物发病(Bozkurt et al.，2010)。本研究中抗病无性系和感病无性系接种尖孢镰刀菌后，均诱导产生了参与抗病性相关代谢途径的差异基因表达。因此，我们研究的重点将是与抗病性相关的代谢通路及其涉及的差异表达基因。

6.10.1 寄主植物激素信号转导途径

植物激素指植物细胞为响应某种环境因子而产生的在较低浓度下就能起生理调节作用的活性物质，主要有生长素(auxin)、赤霉素(gibberellin)、细胞分裂素(cytokinin，CK)、脱落酸(abscisic acid，ABA)、乙烯(ethylene，ET)、水杨酸(salicylic acid，SA)、茉莉酸(jasmonic acid，JA)、油菜素甾醇(brassinosteroid，BR)和多胺

(polyamine)等。植物激素在植物细胞分裂、伸长、组织器官分化、休眠、种子萌发、开花结实、成熟衰老及离体培养等过程中，通过单独作用或协同作用，从而调节植物的生长发育。植物激素的抗病作用如 SA、JA 和 ET 等，已在寄主植物对病原菌的防卫反应中被广泛报道过(Bari and Jones，2009)。有学者研究发现，SA、JA 和 ET 在寄主植物与病原菌互作中形成了非常有序的调控网络，从而有助于提高寄主植物对不利环境的抗性。其中，水杨酸(SA)主要通过诱导寄主植物系统获得抗病性来响应生物胁迫，而茉莉酸(JA)和乙烯(ET)则通过诱导系统性抗病性((induced systemic resistance，ISR)来应答生物胁迫。本研究发现许多上调表达的差异基因参与信号转导和植物激素代谢途径，其中涉及 JA 和 ET 代谢途径。

6.10.2 寄主植物与病原菌互作

寄主植物在与病原菌长期互作的过程中，形成了一系列的防卫机制来保护自己免受病原菌的危害。关于寄主植物的抗病机制主要是过敏反应(hypersensitive response，HR)的产生、防御酶的变化(如苯丙氨酸解氨酶、过氧化物酶等)、植保素(phytoalexin，PA)的形成及病程相关蛋白的积累等(苏亚春，2014；梁丽琴等，2014)。本研究发现百合抗病无性系接种尖孢镰刀菌百合专化型后，百合病程相关蛋白基因出现差异表达，主要是过氧化物酶基因、氧化还原酶基因、几丁质酶基因等。其中，几丁质酶是寄主植物中典型的病程相关蛋白，已被证明在防卫病原真菌侵入寄主植物方面起着十分重要的作用。一般情况下，寄主植物中的几丁质酶表达水平非常低，但当寄主植物受病原真菌侵入后，几丁质防卫蛋白便在细胞内累积。目前，国内外的学者已经从近 100 种植物中检测到几丁质酶，许多寄主植物的几丁质酶基因也被克隆。利用导入外源的几丁质酶基因来加强寄主植物的抗病性已在许多作物育种中得到了应用，如小麦、水稻、烟草等植物都已经得到了转几丁质酶基因的植株(Choi et al.，2008；Mittler et al.，1999)。本章研究中也得到了许多与几丁质代谢途径相关的差异基因，可在下一步的研究中挖掘其功能。大量研究发现，过氧化物酶在寄主植物防卫反应、响应逆境等方面扮演着十分重要的作用。百合抗病无性系接种尖孢镰刀菌百合专化型后，均诱导了过氧化物酶基因的转录表达。

6.10.3 细胞壁防卫抗病途径

细胞壁是植物细胞的重要结构部分，且是植物细胞特有的，它是一层围绕于细胞周围的厚壁，参与维持细胞形态，并与胞外信号识别等生理活动密切相关(Keegstra，2010)。病原真菌的营养方式主要有腐生、寄生、共生等 3 种。有学者发现玉米黑粉菌(*Ustilago maydis*)和大麦白粉病菌(*Blumeria graminis* f. sp. *hordei*)是活体营养的病原菌，它们的基因组中编码细胞壁降解酶的基因数量与腐生菌相比少很多，通常情况下不会直接分解寄主植物的细胞壁，而是在寄主植物表皮细胞内形成吸器从而获取植物养分得以实现寄生生活(Spanu et al., 2010; Kamper et al., 2006)。大量研究发现细胞壁是寄主植物抵抗病原菌侵入的第一道屏障(Cantu et al., 2008; Underwood and Somerville, 2008)。当寄主植物受到病原菌侵染时，细胞壁损伤的抗病信号就被活化，使得寄主植物一系列的细胞壁防卫反应被激活，如在病原菌入侵点周围的细胞壁会产生酚类物质、胼胝质及木质素等的累积，从而加强寄主植物细胞壁的厚度，以抵御病原菌的侵入(Fuchs and Sacristan, 1996)。本研究发现百合接种尖孢镰刀菌孢子悬浮液后，百合植株中许多涉及增强细胞壁厚度的基因表达上调，如胞吞作用受体调节基因、胼胝质防卫反应相关基因、木质部和韧皮部模型基因等。

综上所述，本章利用 RNA-seq 技术，对百合抗病无性系和感病无性系接种尖孢镰刀菌后的材料进行转录组测序分析，结果表明，百合差异表达基因中发现了许多与抗病性相关的差异基因，这对于我们更深入研究这些候选基因在百合抗尖孢镰刀菌中的作用奠定了基础。

第 7 章　百合抗尖孢镰刀菌细胞突变系的蛋白质组分析

寄主植物在遭遇病原菌的侵染后，不但会发生组织学、解剖学上的变化，一些基因的表达也会发生变化，有些蛋白质的合成会受抑制，同时还会有新的蛋白质合成。这些病程相关基因和蛋白质(pathogenesis-relatedgene/protein，PR)是寄主植物表现抗病性的关键因子,也是抗病机制研究的基础(Chen et al.，2007；Geddes et al.，2008)。

双向凝胶电泳(two-dimensional gel electrophoresis，2-DGE)技术自发明以来有效地提高了蛋白质分离的分辨率，也使得该项技术不断优化并广泛应用于蛋白质组学的研究中。该项技术的基本原理是指利用蛋白质的带电性和分子量大小的差异，通过第一向的等电聚焦电泳(isoelectrofocusing，IEF)和第二向的十二烷基硫酸钠聚丙烯酰胺凝胶电泳(SDS polyacrylamide gel electrophoresis，SDS-PAGE)而使蛋白质分离的技术(Thierry et al.，2010；Pomastowski and Buszewski，2014)。样品制备是双向电泳技术的第一步，制备出高质量的样品才能获得较好的双向电泳图谱(陈舒博等，2015；晋海军等，2015)。植物组织一般含有较多的次级代谢产物(如色素等)，使得植物样品的制备更为复杂(焦竹青等，2012)。

近年来，蛋白质双向电泳技术已广泛应用于水稻(朱方超等，2015)、玉米(石海波等，2015)、棉花(王曼等，2015)等植物的蛋白质组学研究中，但对于百合蛋白质的双向电泳技术研究国内外鲜见报道。

同位素标记相对和绝对定量(isobaric tags for relative and absolute quantitation，iTRAQ)技术是 2004 年由美国应用生物系统公司(Applied Biosystems Incorporation，ABI)研发的一项技术。iTRAQ 技术具有高通量、高灵敏度、样本兼容性强、结果可靠及自动化程度高等优势，目前该技术已经广泛应用于蛋白质的定量研究中(钟云，2012；Blackstock and Weir，1999)。

因此，本研究将利用蛋白质双向电泳技术和 iTRAQ 技术找到百合抗病无性系和感病无性系的差异蛋白进行分析，获得抗病相关蛋白，为全面分析百合抗尖孢镰刀菌的分子机制提供一定的基础。

7.1 蛋白质双向电泳技术的建立

7.1.1 百合总蛋白质的提取方法

选用了 Tris-HCl 法、三氯乙酸(TCA)-丙酮法 2 种植物蛋白的提取方法。

(1) Tris-HCl 法:取百合组培苗的新鲜叶片和鳞茎,剪碎后加入含有 0.2g 水不溶性交联聚乙烯吡咯烷酮(crosslinking polyvingypyrrolidone, PVPP)的研钵中,用液氮在研钵中将其研磨成粉状;将粉装入离心管中,加入 10mL 蛋白质提取缓冲液[65mmol/L Tris-HCl pH 6.8, 0.5% SDS(w/V), 10%甘油(V/V), 5% β-巯基乙醇(V/V)],将离心管置于超声波破碎仪上抽提 1h;4℃ 15 000r/min 离心 15min;取蛋白质上清液,加入 3 倍体积的-20℃预冷的 10% TCA-丙酮溶液,充分混合均匀后放置于-20℃冰箱 1h,使蛋白质沉降;4℃ 15 000r/min 离心 15min,弃上清;重新悬浮沉淀于等体积预冷丙酮(含 0.07% β-巯基乙醇)和 80%预冷丙酮各洗涤 2 次;4℃ 15 000r/min 离心 15min;沉淀进行真空冷冻干燥后,置于-80℃超低温冰箱中保存。

(2) 三氯乙酸(TCA)-丙酮法:称取 1~2g 新鲜百合叶片置于-20℃预冷的研钵中,加入 10~20mL 液氮,快速研磨至粉状;量取 20mL 10%三氯乙酸-丙酮溶液[含 1%苯甲基磺酰氟(V/V)和 0.1%二硫苏糖醇(w/V)],分 2~3 次清洗研钵,将研钵内粉状物清洗至 50mL 离心管中,迅速置于-20℃冰箱中保存过夜;而后 20 000r/min 离心 20min,弃上清;量取 20mL 80%的预冷丙酮溶液[含 1%苯甲基磺酰氟(V/V)和 0.1%二硫苏糖醇(w/V)]加入离心管中,用枪头把离心管内的沉淀弄碎,振荡,于-20℃冰箱中放置 2h,使蛋白质沉降;4℃ 20 000r/min 离心 15min,弃上清;重新悬浮沉淀于等体积 80%的预冷丙酮溶液[含 1%苯甲基磺酰氟(V/V)和 0.1%二硫苏糖醇(w/V)]各洗涤 2 次;4℃ 15 000r/min 离心 15min;沉淀进行真空冷冻干燥后,置于-80℃超低温冰箱中保存。

7.1.2 蛋白质定量

将 450μL 裂解液[7mol/L 尿素,2mol/L 硫脲,4% CHAPS(w/V),65mmol DTT 和 0.2% Bio-Lyte(V/V)]加入到 30mg 蛋白质干粉中,裂解 1h;4℃ 12 000r/min 离心 15min,上清液中加入 1600~2000μL 无水丙酮[含 0.1%二硫苏糖醇(w/V)],边加边摇动混合均匀,在-20℃冰箱中放置 2h,使蛋白质沉降,4℃ 15 000r/min 离心 30min,弃上清;加入 1mL 4℃预冷的超纯水[含 0.1%二硫苏糖醇(w/V)],4℃ 15 000r/min 离心 25min,弃上清;加入 7mol/L 水化液[含 2μL/mL 载体两性电解质和 0.01%二硫苏糖醇(w/V)]150~200μL。蛋白质的定量参考 Bradford 的方法,

以牛血清白蛋白(BSA)为标准蛋白质,加入 Bradford 的工作液,通过测其在 595nm 处的吸光度,绘制标准曲线,并测量待测样品的吸光度,然后计算样品的蛋白质浓度。

7.1.3 蛋白质质量检测

将提取出的蛋白质加入水化液混合均匀,沸水浴 5min,冷却后在 4℃ 12 000r/min 离心 15min,取上清液点样,进行 SDS-PAGE 电泳分析。分离胶浓度 10%,初始电压设置 50V,30min 后,改为 150V 的电压,至溴酚蓝迁移到距凝胶底部 1~2cm 时终止电泳。用 PDQuest8.0(Bio-Rad)图像处理软件进行图谱分析。

7.1.4 双向电泳

第一向等电聚焦电泳选用 7cm 和 11cm 非线性 pH 4~7 的 IPG 胶条(Bio-Rad 公司),按照 Bio-Rad 公司的双向电泳操作手册操作。蛋白质样品溶液中加入水化缓冲液[2mol/L 硫脲,7mol/L 尿素,4% CHAPS(w/V),1% DTT(w/V)]、0.4% Bio-Lyte(V/V)和 0.001%溴酚蓝(V/V)至终体积 200μL(7cm IPG 胶条)、300μL(11cm IPG 胶条),蛋白质样品上样量为 200μg(7cm IPG 胶条)、400μg 和 600μg(11cm IPG 胶条);20℃进行等电聚焦电泳,电泳参数设定见表 7-1 和表 7-2。电泳完毕,依次将胶条放入平衡液 I [6mol/L 尿素,2% SDS(w/V),0.375mol/L pH 8.8 的 Tris-HCl,20%甘油(V/V),1% DTT(w/V)]和平衡液 II [6mol/L 尿素,2% SDS,0.375mol/L pH 8.8 的 Tris-HCl,20%甘油(V/V),5%碘乙酰胺],每次振荡 15min,平衡结束后进行第二向凝胶电泳。将平衡好的 IPG 胶条置于 12.5%的聚丙烯酰胺凝胶上,使用 MiniProtein3(7cm IPG 胶条)和 Bio-Rad PRO TEANXL/PowerPac(11cm IPG 胶条)的电泳系统进行电泳,11℃的循环水冷却;开始时电压设置为 100V/板,当溴酚蓝完全进入凝胶后加大电压为 400V/板,待溴酚蓝至凝胶底部的距离为 0.5~1cm 时,终止电泳。

7.1.5 染色及图像采集分析

凝胶先用固定液[40%乙醇(V/V)和 10%乙酸(V/V)]固定 1~3h,用超纯水清洗 2 次,再用染色液[10%硫酸铵(w/V),10%磷酸(V/V),0.012% G-250(w/V),20%甲醇(V/V)]染色 1 天,再用超纯水漂洗后,用脱色液[5%硫酸铵(w/V),10%甲醇(V/V)]脱色,直到背景透明,蛋白质点清晰为止。采用 Bio-Rad GS900 扫描仪扫描凝胶图像(分辨率为 300dpi),用 PDQuest8.0(Bio-Rad)软件进行凝胶电泳图谱的斑点检测、背景消减等,最终获得报告结果。

表 7-1 等电聚焦程序（7cm IPG 胶条）

步骤	电压/V	模式	时间	作用
S1	250	线性	0.5h/1.5h	除盐
S2	500	快速	0.5h/1.5h	除盐
S3	4 000	线性	3h	升压
S4	4 000	快速	20 000Vh	聚焦
S5	500	快速	任意时间	保持

表 7-2 等电聚焦程序（11cm IPG 胶条）

步骤	电压/V	模式	时间	作用
S1	250	线性	0.5h/2h	除盐
S2	1 000	快速	0.5h/2.5h	除盐
S3	8 000	线性	4h	升压
S4	8 000	快速	40 000Vh	聚焦
S5	500	快速	任意时间	保持

7.1.6 百合总蛋白质提取方法的比较

不同的百合总蛋白质提取方法所获得的蛋白质质量和得率是不同的。其中 TCA-丙酮法蛋白质得率较高，约为 38.5mg/g；Tris-HCl 法为 24.5mg/g。另外，两种方法所提取的蛋白质颜色上也有区别：TCA-丙酮法提取出来的蛋白质为白色，Tris-HCl 法提取出来的蛋白质颜色偏黄。从 1-D 电泳图谱来看（图 7-1）。TCA-丙

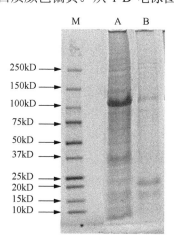

图 7-1 百合蛋白质的 1-D 电泳图谱

M. 蛋白质 Marker；A. TCA-丙酮法提取的蛋白质；B. Tris-HCl 法提取的蛋白质

酮法提取获得的蛋白质条带比较多,浓度较高。Tris-HCl 法提取获得的蛋白质条带较少,浓度较低。在条件一致的情况下(上样量 200μg,7cm IPG 胶条,除盐时间 1.5h)进行蛋白质双向电泳,TCA-丙酮法提取得到的蛋白质点比较多、分辨率高,未见明显横纹和竖纹(图 7-2A);Tris-HCl 法提取获得的蛋白质点不多,且有明显的横纹(图 7-2B)。本研究认为 TCA-丙酮法适用于百合总蛋白质的提取及双向电泳分析的研究。

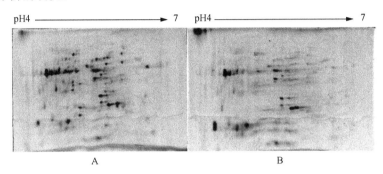

图 7-2 2 种不同提取方法的百合蛋白质双向电泳图谱
A. TCA-丙酮法提取的蛋白质;B. Tris-HCl 法提取的蛋白质

7.1.7 百合总蛋白质双向电泳上样量的优化

蛋白质的上样量是影响获得的双向电泳凝胶图谱清晰程度及蛋白质点多少的关键因素之一。本研究采用 TCA-丙酮法提取百合总蛋白质,聚焦程序的除盐时间一致,每根胶条的蛋白质上样量分别为 300μg、400μg、600μg 和 700μg,采用 pH 4~7 的 11cm 非线性 IPG 胶条分析上样量对获得的百合总蛋白质双向电泳凝胶图谱的影响。结果发现,上样量对获得的百合总蛋白质双向电泳凝胶图谱有显著影响(图 7-3)。当上样量为 300μg 时,电泳图谱背景清晰,但得到的蛋白质点较少(检测出的蛋白质点为 284 个)(图 7-3A);当上样量为 400μg 时,电泳图谱背景模糊,得到的蛋白质点不多(790 个)(图 7-3B);当上样量为 600μg 时,电泳图谱背景清晰,蛋白质点分辨率高,数量多(1094 个)(图 7-3C);当上样量为 700μg 时,电泳图谱背景清晰,蛋白质点分辨率高,数量多(1315 个),但是横纹较多,蛋白质点较浓,有些蛋白质点分离不好(图 7-3D)。因此,蛋白质上样量过低或过高均不利于获得高质量的蛋白质双向电泳图谱,综合考虑,认为百合总蛋白质双向电泳的最佳上样量为 600μg。

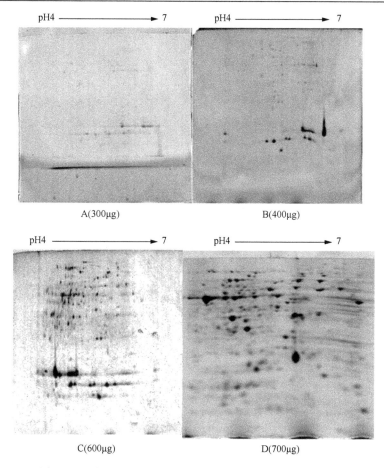

图 7-3 4 种不同蛋白质上样量的百合总蛋白质双向电泳图谱

7.1.8 百合总蛋白质除盐时间的优化

依照 Bio-Rad 蛋白质等电聚焦系统使用指南设置等电聚焦程序 I，百合双向凝胶电泳(2-DGE)图谱结果(图 7-4B)显示，蛋白质点较少(153 个)。原因可能是除盐时间较短，不能充分去除样品中的盐离子，导致溶液的电导率增大，阻碍了样品的顺利升压，聚焦电压未达到 8kV，导致样品不能完全聚焦。在等电聚焦程序 I 的基础上进行了改进，延长了除盐时间，使得蛋白质充分聚焦。从应用等电聚焦程序 II 获得的双向电泳凝胶图谱(图 7-4A)可以看出，优化程序后的双向电泳凝胶图谱更加清晰，蛋白质点得到了有效分离，聚焦更加完全，蛋白质点十分饱满，蛋白质点比较多(864 个)。不同的植物样品所需的除盐时间不同，需要在实际的实验操作中摸索。本实验中适用于百合总蛋白质除盐时间为第一步除盐时间 2h，第二步除盐时间 2.5h。

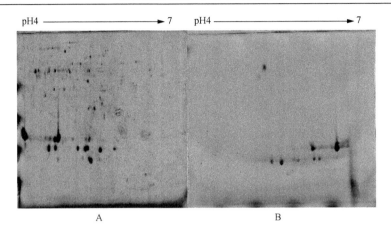

图 7-4 不同除盐时间的百合总蛋白质双向电泳图谱
A. 等电聚焦程序Ⅱ；B. 等电聚焦程序Ⅰ

7.2 百合双向电泳差异蛋白质组分析

7.2.1 百合叶片总蛋白质的提取、定量

采用三氯乙酸(TCA)-丙酮法提取百合叶片的总蛋白质，准确称取东方百合品种'Casa Blanca'抗病无性系和感病无性系及接种百合枯萎病病菌 24h、48h、72h 后的百合叶片各 2g，于液氮中迅速研磨成粉末。其余步骤同 7.1.2～7.1.5。

7.2.2 差异蛋白点处理及质谱分析

将差异表达的蛋白质点参照张彩霞等(2015)的方法进行酶解处理。浓缩后的酶液用 ABI 4800MALDITOF/TOF 串联飞行时间质谱仪(Applied Biosystems, Foster City, CA)进行肽指纹图谱(PMF)鉴定。质谱操作采取正离子反射模式，质谱分析使用标准肽混合物[904.458, Gradykinin; 1296.685, Angiotensin Ⅰ; 1570.677, Glul-Fibrinopeptide; 2093.08, ACTH(1～17); 2465.199, ACTH(18～39); 3657.929, ACTHⅡ(7～38)](ABI 4700Calibration Mixture)作为外标校正，每个样品质谱信号累计扫描 600～800 次，扫描范围为 800～4000Da 得到鉴定蛋白质的肽指纹图谱。从一级质谱的肽质量指纹图谱中选择信噪比(S/N)大于 50 的 7 个得分最高的前体离子做 MS/MS 分析。

7.2.3 数据库检索

酶解样品经过质谱检测后获得 PMF 图谱数据，从 GPS Explorer 软件(V3.6, Applied Biosystems)获得 MS 和 MS/MS 的数据，然后进行 NCBI 数据库搜库。搜库的参数设置如下:种类 all species,切割酶 Trypsin,允许最大未酶切位点(Missed cleavage)数为 1,部分修饰为 cysteine carboamido methylated 和 methionine oxidized,无固定修饰。MS 的误差为 150~200ppm[①],MS/MS 的误差为 0.2~0.3Da,去除已知的污染物角蛋白(keratin)。得分(MS 和 MS/MS 联合)超过 65 的被认为超过阈值($P \leqslant 0.05$),为可信的鉴定结果。

7.2.4 百合抗病无性系和感病无性系的双向电泳图谱分析

为了阐释百合抗病无性系的防卫机制,我们利用差异蛋白组学方法,对东方百合品种'Casa Blanca'抗病无性系和感病无性系及接种百合枯萎病尖孢镰刀菌 24h、48h、72h 后的抗病无性系和感病无性系的总蛋白质进行了分析。

分别对 4 组试验材料的总蛋白质进行双向电泳分析,得到了清晰的双向电泳凝胶图谱(图 7-5~图 7-8)。4 组双向电泳凝胶蛋白质表达谱经 PDQuest™2-D Analysis Software 8.0 软件分析,每张图谱上都可以检测到 800 个以上可重复的清晰蛋白质点,且主要分布在 pH 4~7,分子量为 10~150kD 的区域内。

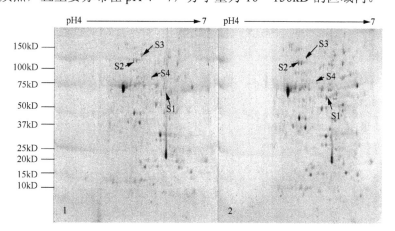

图 7-5 百合抗病无性系和感病无性系的总蛋白质双向电泳图
1. 抗病无性系; 2. 感病无性系; 斑点编号见表 7-3

通过 PDQuest 软件统计分析双向电泳凝胶图谱中蛋白质点相对丰度的变化,可以初步得到差异表达的蛋白质点。4 组双向电泳凝胶图谱的差异分析结果表明,有 25 个蛋白质点发生了变化。

将 25 个差异蛋白点进行质谱(MALDI-TOF/TOFMS)鉴定分析,依据获得的 PMF 图谱数据,进入蛋白质数据库进行比对分析。在鉴定的差异蛋白中共包括 4 个下调蛋白和 21 个上调蛋白(图 7-9~图 7-12,表 7-3)。

---

① 1ppm$\approx 10^{-6}$

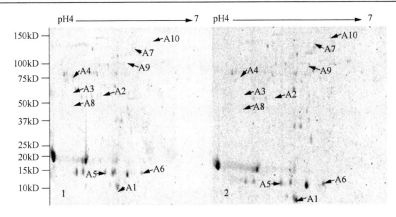

图 7-6　百合抗病无性系和感病无性系接种尖孢镰刀菌 24h 后总蛋白质双向电泳图
1. 抗病无性系；2. 感病无性系；斑点编号见表 7-3

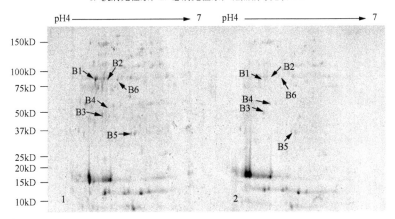

图 7-7　百合抗病无性系和感病无性系接种尖孢镰刀菌 48h 后总蛋白质双向电泳图
1. 抗病无性系；2. 感病无性系；斑点编号见表 7-3

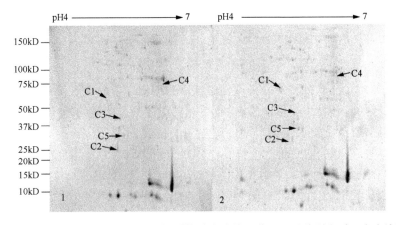

图 7-8　百合抗病无性系和感病无性系接种尖孢镰刀菌 72h 后总蛋白质双向电泳图
1. 抗病无性系；2. 感病无性系；斑点编号见表 7-3

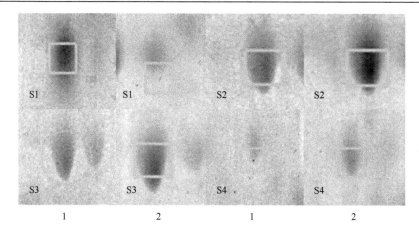

图 7-9 百合抗病无性系和感病无性系差异蛋白点表达图谱放大图
1. 抗病无性系；2. 感病无性系

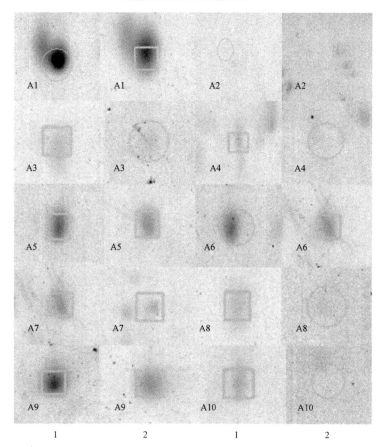

图 7-10 百合抗病无性系和感病无性系接种尖孢镰刀菌 24h 后差异蛋白点表达谱放大图
1. 抗病无性系；2. 感病无性系

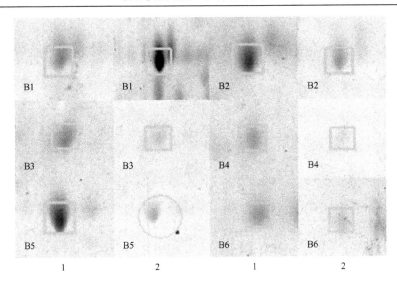

图 7-11　百合抗病无性系和感病无性系接种尖孢镰刀菌 48h 后差异蛋白点表达谱放大图

1. 抗病无性系；2. 感病无性系

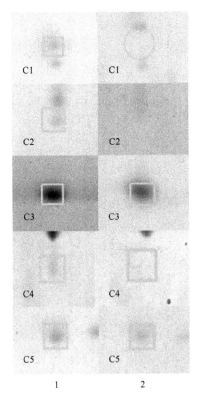

图 7-12　百合抗病无性系和感病无性系接种尖孢镰刀菌 72h 后差异蛋白点表达谱放大图

1. 抗病无性系；2. 感病无性系

第7章 百合抗尖孢镰刀菌细胞突变系的蛋白质组分析

表 7-3 通过质谱和数据库搜索鉴定出来的差异蛋白点

斑点编号	蛋白质名称	登录号	蛋白质分子量(Da)/等电点	物种	蛋白质得分	可能的功能
S1	核酮糖-1,5-双磷酸羧化酶/加氧酶	gi|134035003	15 036.4/4.35	花生 Arachis hypogaea	204	光合作用
S2	未知功能蛋白	gi|217072704	29 191.6/4.70	蒺藜状苜蓿 Medicago truncatula	57	未知功能蛋白
S3	未知功能蛋白 LOC100286153	gi|226531522	84 417.3/5.85	玉米 Zea mays	157	未知功能蛋白
S4	琥珀酸脱氢酶	gi|255579273	68 462.8/6.18	蓖麻 Ricinus communis	49	三羧酸循环代谢
A1	代谢转运super级家族	gi|303277003	37 909.1/10.07	微胞藻 Micromonas pusilla CCMP1545	51	能量代谢
A2	假设蛋白 VITISV_001216	gi|147804938	97 671.3/6.12	葡萄 Vitis vinifera	43	未知功能蛋白
A3	假设蛋白 OsI_04745	gi|125528674	102 532.4/6.35	籼稻 Oryza sativa indica Group	64	未知功能蛋白
A4	预测蛋白	gi|224094841	50 820.5/6.40	毛果杨 Populus trichocarpa	51	未知功能蛋白
A5	放氧增强蛋白 1	gi|11133881	34 847.8/6.26	田野贝母 Fritillaria agrestis	247	光合作用
A6	推定的抗病蛋白 RPS2	gi|255581680	128 309.3/5.84	蓖麻 Ricinus communis	54	防卫反应
A7	热激蛋白	gi|255545176	80 723.1/4.99	蓖麻 Ricinus communis	164	保护反应
A8	预测蛋白	gi|326490934	48 201.4/5.39	青稞 Hordeum vulgare subsp. vulgare	61	未知功能蛋白
A9	核酮糖-1,5-双磷酸羧化酶/加氧酶大亚基结合蛋白	gi|2506277	62 945.3/5.85	豌豆 Pisum sativum	226	光合作用

续表

斑点编号	蛋白质名称	登录号	蛋白质分子量(Da)/等电点	物种	蛋白质得分	可能的功能
A10	假设蛋白	gi|50726121	15 823.1/11.70	粳稻 *Oryza sativa Japonica*	58	未知功能蛋白
B1	假设蛋白 osj_11623	gi|222625312	65 595.5/9.68	粳稻 *Oryza sativa Japonica*	60	未知功能蛋白
B2	推定的晚疫病间质蛋白 RIC-3	gi|75261520	149 682.2/5.84	马铃薯野生种 *Solanum demissum*	43	防卫反应
B3	热激蛋白	gi|260505494	90 303.7/4.92	牵牛花 *Ipomoea nil*	121	保护反应
B4	未知功能蛋白 Os07g0136500	gi|297606704	13 014.7/10.88	粳稻 *Oryza sativa Japonica*	51	未知功能蛋白
B5	过氧化物酶 Q	gi|215254425	23 574.1/9.37	海蓬子 *Salicornia herbacea*	66	防卫反应
B6	热激蛋白	gi|189380223	75 068.5/5.54	茶树 *Camellia sinensis*	193	保护反应
C1	假设蛋白 CHLNCDRAFT_20689	gi|307109747	14 424.3/7.04	小球藻 *Chlorella variabilis*	60	未知功能蛋白
C2	推定的乌头酸水合酶	gi|75225211	98 020.6/5.67	粳稻 *Oryza sativa Japonica*	54	糖类代谢
C3	抗坏血酸过氧化物酶	gi|223931154	27 282.7/5.21	五唇兰×蝴蝶兰的杂父种 *Doritis pulcherrima × Phalaenopsis hybrid*	160	防卫反应
C4	推定的乙烯反应蛋白	gi|21536534	18 726.4/5.59	拟南芥 *Arabidopsis thaliana*	45	防卫反应
C5	NBS-LRR 类似蛋白	gi|332002196	19 088/8.65	山荆子 *Malus baccata*	50	防卫反应

7.2.5 百合抗病无性系和感病无性系的蛋白质功能鉴定及丰度变化分析

将所鉴定的蛋白质点进行数据库检索比对分析，25个蛋白质点均得到了功能信息。其中10个蛋白质点鉴定为未知功能蛋白(S2、S3、A2、A3、A4、A8、A10、B1、B4、C1)，其功能有待进一步深入研究，剩余的15个蛋白质点根据其所涉及的相关功能可以分为防卫反应相关蛋白、光合作用相关蛋白、糖类代谢和能量代谢相关蛋白及热激蛋白4类。百合抗病无性系的差异表达蛋白质点中，与防卫反应相关的蛋白质一共有6个，即推定的抗病蛋白RPS2(A6)、推定的晚疫病同族蛋白R1C-3(B2)、过氧化物酶Q(B5)、抗坏血酸过氧化物酶(C3)、推定的乙烯反应蛋白(C4)和NBS-LRR类似蛋白(C5)，呈明显上调表达。与光合作用相关的蛋白质(S1、A5、A9)除了核酮糖-1,5-双磷酸羧化酶/加氧酶(S1)下调表达外，其他2个蛋白质都呈现出明显上调表达。本研究总共分析鉴定得到3个与糖类代谢和能量代谢相关的蛋白质(S4、A1、C2)，均表现上调表达。此外，还鉴定得到3个热激蛋白(A7、B3、B6)，均呈下调表达。

7.3 iTRAQ蛋白质组分析

7.3.1 蛋白质的提取、浓度测定及检测

用专门的兼容于iTRAQ试剂的溶液研磨提取蛋白质。取50~150mg百合叶片，用液氮在研钵中将其研磨成粉状。加入500μL的匀浆缓冲液[50mmol/L Tris-HCl(pH 7.5)，5mmol/L EDTA，100mmol/L KCl，1% DTT (w/V)，30%蔗糖(w/V)，1mmol/L PMSF]，涡旋30s。加入等体积的预冷pH 7.8~8.0 Tris-饱和酚，充分振荡，4℃涡旋5min。4℃条件下10 000g离心15min，回收上层的酚相，加入5倍体积含0.1mol/L乙酸铵的预冷甲醇，充分混合均匀，置于-20℃冰箱中过夜，将蛋白质沉淀出来。离心后，沉淀用含0.2% DTT预冷丙酮洗2次。第二次洗之前要在-20℃沉淀60min，4℃ 8000g离心30min，沉淀在室温下干燥，用500μL蛋白质裂解液重新溶解，4℃下20 000g离心60min，取上清，分装于离心管中。上清为所提取得到的植物组织蛋白质。

用Bradford法测定蛋白质浓度。向每管添加180μL protein assay reagent，混匀，室温培育10min。用酶标仪测定595nm下的吸光度，以不加BSA的作为对照，读出每个样品的吸光度值。根据标准曲线计算出样品浓度。

配置12.5%的聚丙烯酰胺凝胶，每个样品分别与4×上样缓冲液混合，95℃加热5min。每个样品上样量为30μg，蛋白质Marker上样量为12μg。120V恒压电泳120min。电泳结束后，用考马斯亮蓝染色液染色3h，再用脱色液脱色3~5次，每次脱色3h。

SDS-PAGE 结果显示(图 7-13)，样品条带数量多且清晰，蛋白质分子量大小集中在 17~130kD。从蛋白质的定量信息上来看(表 7-4)，所有样品的蛋白质含量均为合格，可以满足后续的实验需求。

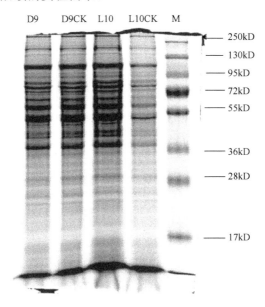

图 7-13 SDS-PAGE 分析图

D9. 百合感病无性系接种尖孢镰刀菌 48h；D9CK. 百合感病无性系；L10. 百合抗病无性系接种尖孢镰刀菌 48h；L10CK. 百合抗病无性系(以下均相同)；M. 蛋白质 Marker

表 7-4 提取蛋白的定量信息

样品名称	浓度/(μg/μL)	体积/μL	总蛋白质量/μg
D9CK	4.83	300	1449
D9	4.37	300	1311
L10CK	6.01	300	1803
L10	5.36	300	1608

7.3.2 iTRAQ 标记分析

从冰箱中取出 iTRAQ®试剂，平衡至室温，将 iTRAQ®试剂离心至管底；向每管 iTRAQ®试剂中加入 150μL 乙醇，涡旋振荡，离心至管底；用移液枪吸取 50μL 样品(100μg 酶解产物)转移至新的离心管中；将 iTRAQ®试剂添加到样品中，涡旋振荡，离心至管底，室温反应 2h；加入 100μL 水终止反应；混合标记后的样品，涡旋振荡，离心至管底；真空冷冻离心干燥；抽干后的样品冷冻保存待用。

使用 400μg 多肽段混合物或者大肠杆菌(*E. coli*)蛋白质抽提物进行分离，检测系统情况;将标记抽干后的样品用150μL流动相A重新溶解,涡旋振荡,12 000g离心20min,用移液枪吸取上清上样;准备48个空白灭菌的1.5mL离心管,顺序标记为1~48,用于收集分离得到的组分1~48;流速0.8mL/min,分离梯度见表7-5,从第5分钟开始,顺序收集每分钟洗脱物到1~48号离心管中;真空冷冻离心干燥;抽干后的样品冷冻保存待用。

表7-5 分离梯度表

时间/min	B/%
0	5
15	5
40	15
55	38
56	90
64.5	90
65	5
70	5

注:B表示流动相

依据紫外监测的情况,将高pH反相分离得到的48个组分合并为12个组分,合并时采用30μL 2% ACN,0.1% FA,加入第一个离心管,涡旋振荡并离心后,转入第二个离心管,依次照此进行操作直至合并组分至最后一管;12 000r/min离心10min,吸取上清上样;上样体积8μL,采取夹心法上样;Loading Pump流速2μL/min,15min;分离流速0.3μL/min,分离梯度依据组分1~4和5~10稍作调整,具体梯度见表7-6。

表7-6 分离梯度调整表

时间/min	B/%(组分1~4)	B/%(组分5~10)
0	5	5
0.1	10	6
60	25	20
85	48	43
86	80	80
90	80	80
91	5	5
101	5	5

注:B表示流动相

质谱参数设置如下:离子源喷雾电压2.3kV,氮气压力为30psi(14.5psi≈1bar),

喷雾气压 15psi，喷雾接口处温度 150℃；扫描模式为反射模式，分辨率≥30 000；在一级质谱中积累 250ms 且只扫描电荷为 2+～5+的离子；挑选其中强度超过 120cps 的前 30 个进行扫描，3.3s 为一个循环；第二个四级杆(Q2)的传输窗口设置为 100Da；脉冲射频的频率为 11kHz；检测器的检测频率为 40GHz；对于 iTRAQ 类项目，离子碎裂的能量设置为(35±5)eV；母粒子动态排除设置为：在一半的出峰时间内（约 15s），相同母离子的碎裂不超过 2 次。

蛋白质鉴定和定量分析采用 Protein Pilot 4.5 软件(ABSCIEX, Foster City)进行，数据库下载于 NCBI 网站，数据库检索采用 Paragon 算法进行，使用 Protein Pilot 4.5 软件自带的 FDR 分析，蛋白质比值和 P 值由 Protein Pilot 4.5 软件自动计算。

数据质量分析，主要是组内和组间差异的相互比较分析。差异蛋白 GO 功能分类的富集分析主要是根据转录组中 GO 功能分类的富集分析进行，对所有具有 GO 编号的蛋白质进行 GO 一级功能的统计和作图，对表达量有差异的蛋白质进行 GO 功能分类的富集分析；差异蛋白 KEGG 代谢途径的富集分析主要是根据第 6 章百合转录组的结果进行注释。

7.3.3 差异蛋白分析

将 7482 个蛋白质中表达倍数大于等于 2 倍，且 $P\leqslant0.05$ 的蛋白质作为差异蛋白，各库两两间差异蛋白的数量情况见表 7-7。百合感病无性系接种百合尖孢镰刀菌 48h 后和百合感病无性系的差异蛋白有 579 个，其中表现上调表达的有 458 个，表现下调表达的有 121 个；百合抗病无性系接种百合尖孢镰刀菌 48h 后和百合抗病无性系的差异蛋白有 108 个，其中表现上调表达的有 92 个，表现下调表达的有 16 个；百合抗病无性系和感病无性系的差异蛋白有 316 个，其中表现上调表达的有 166 个，表现下调表达的有 150 个；百合抗病无性系和感病无性系均接种尖孢镰刀菌 48h 后的差异蛋白有 1052 个，其中表现上调表达的有 579 个，表现下调表达的有 473 个。

表 7-7 差异蛋白统计

差异分组	差异蛋白数量/个	上调表达蛋白数量/个	下调表达蛋白数量/个
D9-D9CK	579	458	121
L10-L10CK	108	92	16
L10CK-D9CK	316	166	150
L10-D9	1052	579	473

注：D9-D9CK. 百合感病无性系接种尖孢镰刀菌 48h 后和百合感病无性系；L10-L10CK. 百合抗病无性系接种尖孢镰刀菌 48h 后和百合抗病无性系；L10CK-D9CK. 百合抗病无性系和感病无性系；L10-D9. 百合抗病无性系和感病无性系均接种尖孢镰刀菌 48h 后

7.3.4 GO 功能分类富集分析

对鉴定到的蛋白质进行 GO 分析,结果发现(图 7-14～图 7-16),5735 个鉴定蛋白质被注释到 52 个 GO-term 上。3 个 GO 本体所涉及的 GO-term 分布情况中,细胞成分(cellular component)中蛋白质数量最多的是细胞组分(cell part)(有 3505 个)和细胞(cell)(有 3505 个);分子功能(molecular function)中数量最多的是催化活性(catalytic activity)(有 3135 个)和结合(binding)(有 2675 个);生物过程(biological process)中数量最多的是代谢过程(metabolic process)(有 3963 个)、细胞过程(cellular process)(有 3531 个)和单生物过程(single-organism process)(有 2896 个),而生物刺激(response to stimulus)有 1061 个,免疫系统过程(immune system process)有 112 个。

分别将 $P<0.05$ 和 $P<0.01$ 的 GO-term 定义为差异蛋白显著富集的 GO-term 和极显著富集的 GO-term。附表 1 显示,百合感病无性系和抗病无性系的差异蛋

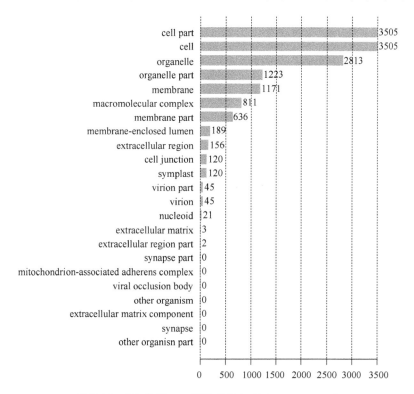

图 7-14 GO 分类——细胞成分(cellular component)

白 GO 富集，细胞成分(cellular component)中有 195 个差异蛋白富集在 22 条 GO-term 中，其中极显著富集的 GO-term 有 15 条，如叶绿体基质(chloroplast stroma)、类囊体(thylakoid)、细胞质(cytoplasm)、囊膜(envelope)等。分子功能(molecular function)中有 224 个差异蛋白富集在 20 条 GO-term 中，其中极显著富集的 GO-term 有 15 条，如抗氧化活性(antioxidant activity)、过氧化物酶活性(peroxidase activity)等、氧化还原酶活性(oxidoreductase activity)、转氨酶活性(transaminase activity)等。生物过程(biological process)中有 235 个差异蛋白富集在 106 条 GO-term 中，其中极显著富集的 GO-term 有 78 条，如应激反应(response to stress)、生物合成反应(biosynthetic process)、有机氮化合物代谢反应(organonitrogen compound metabolic process)、细胞氨基酸代谢反应(cellular amino acid metabolic process)、光合作用(photosynthesis)等。

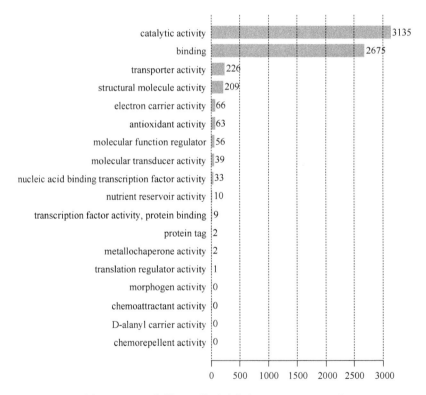

图 7-15 GO 分类——分子功能(molecular function)

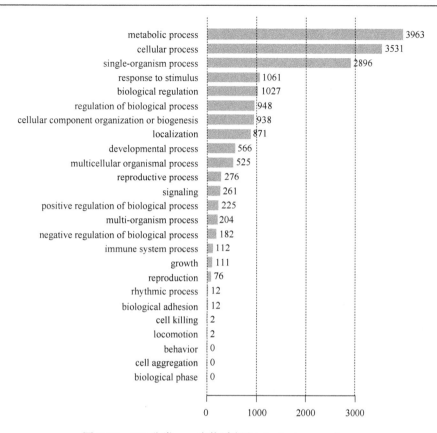

图 7-16 GO 分类——生物过程(biological process)

附表 2 显示，百合感病无性系和抗病无性系接种尖孢镰刀菌 48h 后，细胞成分 (cellular component) 中有 630 个差异蛋白富集在 36 条 GO-term 中，其中极显著富集的 GO-term 有 21 条，如膜蛋白质复合体(membrane protein complex)、膜被(membrane coat)、胞内细胞器部分(intracellular organelle part)、质体包膜(plastid envelope)等。分子功能(molecular function)中有 722 个差异蛋白富集在 41 条 GO-term 中，其中极显著富集的 GO-term 有 20 条，如水解酶活性(hydrolase activity)、ATP 酶活性(ATPase activity)、有机环状化合物绑定(organic cyclic compound binding)、叶绿素结合(chlorophyll binding)等。生物过程(biological process)中有 777 个差异蛋白富集在 144 条 GO-term 中，其中极显著富集的 GO-term 有 82 条，如氧化应激反应(response to oxidative stress)、分解代谢反应(catabolic process)、有机氮化合物代谢反应(organonitrogen compound metabolic process)、丝氨酸家族氨基酸代谢反应(serine family amino acid metabolic process)、碳水化合物分解代谢反应(carbohydrate catabolic process)等。

附表 3 显示，百合抗病无性系和抗病无性系接种尖孢镰刀菌 48h 后，细胞成分(cellular component)中有 52 个差异蛋白极显著富集在 2 条 GO-term 中,即液泡(vacuole)和胞外区(extracellular region)。分子功能(molecular function)中有 72 个差异蛋白富集在 6 条 GO-term 中,其中极显著富集的 GO-term 有 1 条,即氧化还原酶活性(oxidoreductase activity)。生物过程(biological process)中有 74 个差异蛋白富集在 9 条 GO-term 中,其中极显著富集的 GO-term 有 7 条,如单体生物的碳水化合物分解代谢反应(single-organism carbohydrate catabolic process)、糖分解反应(glycolytic process)、氧化还原反应(oxidation-reduction process)、核苷二磷酸代谢反应(nucleoside diphosphate metabolic process)、蛋白质折叠(protein folding)等。

附表 4 显示,百合感病无性系和感病无性系接种尖孢镰刀菌 48h 后,细胞成分(cellular component)中有 356 个差异蛋白富集在 39 条 GO-term 中,其中极显著富集的 GO-term 有 31 条,如共质体(symplast)等、胞间连丝(plasmodesma)、细胞外围(cell periphery)、质膜(plasma membrane)等。分子功能(molecular function)中有 412 个差异蛋白富集在 55 条 GO-term 中,其中极显著富集的 GO-term 有 40 条,如运输活性(transporter activity)、主动跨膜运输活性(active transmembrane transporter activity)、嘌呤核苷酸结合(purine nucleotide binding)、ATP 结合(ATP binding)等。生物过程(biological process)中有 433 个差异蛋白富集在 109 条 GO-term 中,其中极显著富集的 GO-term 有 46 条,如细胞碳水化合物生物合成反应(cellular carbohydrate biosynthetic process)、组蛋白赖氨酸甲基化(histone lysine methylation)、葡聚糖生物合成反应(glucan biosynthetic process)、嘌呤核苷酸代谢反应(purine nucleotide metabolic process)、赖氨酸肽链甲基化(peptidyl-lysine methylation)等。

7.3.5 代谢途径分析

pathway 分析结果显示,共有 3888 个蛋白质被注释。表 7-8～表 7-11 显示了蛋白质的 pathway 信息。其中涉及苯丙烷类生物合成(phenylpropanoid biosynthesis)、过氧化物酶(peroxisome,POD)、光合作用(photosynthesis)等代谢途径。

研究分别将 $P<0.05$ 和 $P<0.01$ 定义为差异蛋白显著富集的 pathway 和极显著富集的 pathway。对百合抗病无性系和感病无性系的差异蛋白的 pathway 进行富集分析(表 7-8),结果表明,有 157 个差异蛋白富集到 15 条 pathway 中,其中显著富集的 pathway 有 6 条,极显著富集的 pathway 有 9 条,如代谢途径(metabolic pathway)、二羧酸代谢(glyoxylate and dicarboxylate metabolism)、卟啉和叶绿素代谢(porphyrin and chlorophyll metabolism)、磷酸戊糖途径(pentose phosphate pathway)、苯丙烷类生物合成(phenylpropanoid biosynthesis)等。

对百合抗病无性系和感病无性系接种尖孢镰刀菌 48h 的差异蛋白的 pathway 进行富集分析(表 7-9),结果表明,有 514 个差异蛋白富集到 22 条 pathway 中,

表 7-8 百合抗病无性系和感病无性系差异表达蛋白 pathway 显著性富集分析

Pathway ID	Pathway	Cluster frequency	Protein frequency of use	P 值*
01100	Metabolic pathway	100/157，63.69%	1088/2787，39.04%	0.0000
01110	Biosynthesis of secondary metabolite	73/157，46.50%	604/2787，21.67%	0.0000
01120	Microbial metabolism in diverse environment	30/157，19.11%	244/2787，8.75%	0.0000
01130	Biosynthesis of antibiotics	28/157，17.83%	319/2787，11.45%	0.0157
01200	Carbon metabolism	26/157，16.56%	186/2787，6.67%	0.0000
01230	Biosynthesis of amino acid	23/157，14.65%	177/2787，6.35%	0.0001
00860	Porphyrin and chlorophyll metabolism	12/157，7.64%	33/2787，1.18%	0.0000
00630	Glyoxylate and dicarboxylate metabolism	13/157，8.28%	48/2787，1.72%	0.0000
00030	Pentose phosphate pathway	10/157，6.37%	39/2787，1.40%	0.0000
00680	Methane metabolism	7/157，4.46%	45/2787，1.61%	0.0203
01210	2-Oxo carboxylic acid metabolism	7/157，4.46%	44/2787，1.58%	0.0175
00220	Arginine biosynthesis	5/157，3.18%	26/2787，0.93%	0.0222
00910	Nitrogen metabolism	4/157，2.55%	15/2787，0.54%	0.0109
00940	Phenylpropanoid biosynthesis	11/157，7.01%	77/2787，2.76%	0.0052
04918	Thyroid hormone synthesis	4/157，2.55%	15/2787，0.54%	0.0109

*Chi-square test

表 7-9 百合抗病无性系和感病无性系接种尖孢镰刀菌 48h 后差异表达蛋白 pathway 显著性富集分析

Pathway ID	Pathway	Cluster frequency	Protein frequency of use	P 值*
01100	Metabolic pathway	258/514，50.19%	1088/2787，39.04%	0.0000
01110	Biosynthesis of secondary metabolite	162/514，31.52%	604/2787，21.67%	0.0000
01130	Biosynthesis of antibiotics	91/514，17.70%	319/2787，11.45%	0.0001
01120	Microbial metabolism in diverse environment	82/514，15.95%	244/2787，8.75%	0.0000

续表

Pathway ID	Pathway	Cluster frequency	Protein frequency of use	P 值*
01200	Carbon metabolism	74/514, 14.40%	186/2787, 6.67%	0.0000
01230	Biosynthesis of amino acid	53/514, 10.31%	177/2787, 6.35%	0.0012
04141	Protein processing in endoplasmic reticulum	37/514, 7.20%	123/2787, 4.41%	0.0069
00630	Glyoxylate and dicarboxylate metabolism	21/514, 4.09%	48/2787, 1.72%	0.0006
00970	Aminoacyl-tRNA biosynthesis	27/514, 5.25%	48/2787, 1.72%	0.0000
00710	Carbon fixation in photosynthetic organisms	30/514, 5.84%	57/2787, 2.05%	0.0000
00010	Glycolysis/Gluconeogenesis	32/514, 6.23%	85/2787, 3.05%	0.0003
00260	Glycine, serine and threonine metabolism	18/514, 3.50%	49/2787, 1.76%	0.0100
04146	Peroxisome	16/514, 3.11%	45/2787, 1.61%	0.0205
00250	Alanine, aspartate and glutamate metabolism	14/514, 2.72%	32/2787, 1.15%	0.0051
00195	Photosynthesis	13/514, 2.53%	37/2787, 1.33%	0.0404
00680	Methane metabolism	23/514, 4.47%	45/2787, 1.61%	0.0000
00860	Porphyrin and chlorophyll metabolism	13/514, 2.53%	33/2787, 1.18%	0.0168
00220	Arginine biosynthesis	11/514, 2.14%	26/2787, 0.93%	0.0169
00030	Pentose phosphate pathway	15/514, 2.92%	39/2787, 1.40%	0.0126
00051	Fructose and mannose metabolism	18/514, 3.50%	50/2787, 1.79%	0.0123
00720	Carbon fixation pathway in prokaryote	10/514, 1.95%	25/2787, 0.90%	0.0330
04918	Thyroid hormone synthesis	9/514, 1.75%	15/2787, 0.54%	0.0071

*Chi-square test

其中显著富集的 pathway 有 7 条，极显著富集的 pathway 有 15 条，如代谢途径 (metabolic pathway)，二羧酸代谢 (glyoxylate and dicarboxylate metabolism)，光合生物中的固氮作用 (carbon fixation in photosynthetic organisms)，甘氨酸、丝氨酸和苏氨酸代谢 (glycine, serine and threonine metabolism)，丙氨酸、天冬氨酸和谷氨酸代谢 (alanine, aspartate and glutamate metabolism) 等。

对百合抗病无性系接种尖孢镰刀菌 48h 后和百合抗病无性系的差异蛋白 pathway 进行富集分析(表7-10),结果表明,有 50 个差异蛋白富集到 11 条 pathway 中,其中显著富集的 pathway 有 4 条,极显著富集的 pathway 有 7 条,包括次生代谢物的生物合成(biosynthesis of secondary metabolite)、在不同环境中的微生物代谢(microbial metabolism in diverse environments)、碳代谢(carbon metabolism)、氨基酸生物合成(biosynthesis of amino acid)、糖酵解/糖异生(glycolysis/gluconeogenesis)、丙酮酸代谢(pyruvate metabolism)、抗生素生物合成(biosynthesis of antibiotics)。

表 7-10 百合抗病无性系接种尖孢镰刀菌 48h 和百合抗病无性系差异表达蛋白 pathway 显著性富集分析

Pathway ID	Pathway	Cluster frequency	Protein frequency of use	P Value*
01100	Metabolic pathway	27/50,54.00%	1088/2787,39.04%	0.0318
01110	Biosynthesis of secondary metabolite	19/50,38.00%	604/2787,21.67%	0.0057
01120	Microbial metabolism in diverse environment	15/50,30.00%	244/2787,8.75%	0.0000
01200	Carbon metabolism	13/50,26.00%	186/2787,6.67%	0.0000
01130	Biosynthesis of antibiotics	13/50,26.00%	319/2787,11.45%	0.0015
01230	Biosynthesis of amino acid	9/50,18.00%	177/2787,6.35%	0.0026
00010	Glycolysis/ Gluconeogenesis	7/50,14.00%	85/2787,3.05%	0.0001
00620	Pyruvate metabolism	5/50,10.00%	67/2787,2.40%	0.0034
00710	Carbon fixation in photo- synthetic organisms	4/50,8.00%	57/2787,2.05%	0.0171
00982	Drug metabolism- cytochrome P450	4/50,8.00%	56/2787,2.01%	0.0154
00980	Metabolism of xenobiotics by cytochrome P450	4/50,8.00%	55/2787,1.97%	0.0139

*Chi-square test

对百合感病无性系接种尖孢镰刀菌 48h 后和百合感病无性系的差异蛋白 pathway 进行富集分析(表 7-11),结果表明,有 325 个差异蛋白富集到 10 条 pathway 中,其中显著富集的 pathway 有 5 条,极显著富集的 pathway 也有 5 条,如内质网上的蛋白质加工(protein processing in endoplasmic reticulum)、氨酰 tRNA 生物合成(aminoacyl-tRNA biosynthesis)、光合作用(photosynthesis)等。

表 7-11　百合感病无性系接种尖孢镰刀菌 48h 和百合感病无性系差异表达蛋白 pathway 显著性富集分析

Pathway ID	Pathway	Cluster frequency	Protein frequency of use	P 值*
01100	Metabolic pathway	147/325，45.23%	1088/2787，39.04%	0.0308
04141	Protein processing in endoplasmic reticulum	25/325，7.69%	123/2787，4.41%	0.0086
00970	Aminoacyl-tRNA biosynthesis	14/325，4.31%	48/2787，1.72%	0.0016
05169	Epstein-Barr virus infection	19/325，5.85%	82/2787，2.94%	0.0052
00195	Photosynthesis	13/325，4.00%	37/2787，1.33%	0.0003
00500	Starch and sucrose metabolism	20/325，6.15%	105/2787，3.77%	0.0381
04110	Cell cycle	11/325，3.38%	45/2787，1.61%	0.0231
00592	alpha-Linolenic acid metabolism	8/325，2.46%	27/2787，0.97%	0.0326
00591	Linoleic acid metabolism	5/325，1.54%	9/2787，0.32%	0.0078
04621	NOD-like receptor signaling pathway	5/325，1.54%	13/2787，0.47%	0.0428

*Chi-square test

7.4　关于百合蛋白质提取及双向电泳技术优化的问题

双向电泳技术是目前研究蛋白质组学的常用技术之一，样品的制备是双向电泳能否成功的关键步骤之一。样品质量的好与差是决定双向电泳凝胶图谱的分辨率和可重复性的关键因子之一(李德军等，2009)。相对于其他生物如动物、微生物等样品，植物样品的制备则更困难，因为其含有的干扰物质如色素、酚类、多糖、脂类等较多。色素、酚类会导致假点的多肽或蛋白质修饰，多糖可能会堵塞凝胶孔径，导致蛋白质沉淀，脂类和蛋白质会形成复合物，因此而降低蛋白质的溶解度(曾广娟等，2009)。本实验选用了 2 种植物蛋白提取的常用方法：Tris-HCl 法和 TCA-丙酮法。本研究中 TCA-丙酮法提取的蛋白质浓度高，双向电泳凝胶图谱的蛋白质点清晰，信息量大，无横纹及拖尾等现象。刘淑芹和吴凤芝(2013)采用 TCA-丙酮法提取出来的洋葱叶片蛋白质质量很好。叶景秀(2015)采用 TCA-丙酮法提取出来小麦籽粒蛋白质质量也好。还有报道称 Tris-HCl 法更好(王立等，2012；张晓倩等，2016)。不同的植物样品和不同部位的样品含有的色素、酚类、多糖等不同，因此可选用的适用于双向电泳的蛋白质提取方法也就不同。

蛋白质上样量的多少会影响双向凝胶电泳(2-DGE)图谱的蛋白质数目和种

类。上样量过低，则低丰度的蛋白质不能被分离出来，不利于检测低丰度蛋白质。上样量过高则会导致蛋白质斑点过大，尤其是对于高丰度蛋白质，会严重影响其蛋白质组分的分离(蒋林惠等，2015)。本研究中百合蛋白质双向电泳上样量为600μg时，蛋白质点清晰圆滑，聚焦效果非常好，无横纹、无拖尾现象。双向电泳时，不同植物样品的上样量差别是很大的，可能是由不同植物样品中总蛋白质成分不同引起的(马洪雨等，2010)。

第一向等电聚焦电泳的效果好与差直接影响第二向凝胶电泳图谱的质量。第一向等电聚焦电泳不成功，经常会导致第二向凝胶电泳图谱上出现横纹和不规则的蛋白质点，使得多个蛋白质点连成长长的线状，从而使蛋白质点的等电点无法确定。理想的第一向等电聚焦电泳得到的双向凝胶电泳图谱中是不会出现横向拖尾现象的，而且蛋白质点大多数是圆形的，很容易确定其等电点(Gurusamy and Christof, 2006)。因此，达到较高的电压是第一向等电聚焦电泳成功的关键因素，但由于在提取和溶解样品蛋白质的过程中，一些盐离子、核酸、多糖、内源小分子等的干扰，使得等电聚焦的电压很难升到预先设定的数值(Dinakara et al., 2012)。本研究延长了除盐步骤的时间，使得样品能顺利升压到8000V，并完成整个聚焦过程，最终获得了背景清晰、蛋白质点规则的高质量双向电泳图谱。

本研究通过对样品蛋白质的制备方法、蛋白质上样量及等电聚焦程序的优化，建立了一套适宜于百合蛋白质组分析研究的双向电泳方法。TCA-丙酮法制备蛋白质样品、上样量600μg及优化了等电聚焦电泳程序中的第一步除盐时间(2h)和第二步除盐时间(2.5h)，从而获得了较好的双向电泳图谱，这为下一步研究百合尖孢镰刀菌侵染后的百合蛋白质组学提供了技术方法。

7.5 百合蛋白质双向电泳差异蛋白的抗病性

7.5.1 光合作用和能量代谢相关蛋白参与百合的防卫反应

病原菌的侵入对寄主植物最明显的影响就是干扰其光合作用(Agrawal et al., 2002)。核酮糖-1,5-双磷酸羧化酶/加氧酶(ribulose-1,5-bisphosphate carboxylase/oxygenase, Rubisco)是卡尔文循环中的关键酶之一，有学者经过分析臭氧胁迫下水稻叶片蛋白质组的变化，发现其中4个Rubisco蛋白质表现为明显的上调表达(Chen et al., 2013)。还有学者证明了Rubisco可因活性氧的产生而受到抑制，从而表现为下调表达(Li et al., 2011)。本研究通过分析百合抗病无性系和感病无性系的差异蛋白，鉴定获得了3个与光合作用相关的蛋白质。其中2个为Rubisco(S1、A9)的蛋白质，S1的表达量表现为下调，而A9的表达量表现为上调，这可能与百合抗病无性系植株细胞内复杂的防卫反应有关。

本研究鉴定获得3个糖类代谢及能量代谢相关的蛋白质，有1个蛋白质(S4)

参与三羧酸循环，1个蛋白质(A1)参与能量代谢，1个蛋白质(C2)参与糖类代谢，均呈现明显上调表达。这就表明百合抗病无性系植株可能是通过调控能量代谢途径，从而为完成抗病反应提供物质和能量。

7.5.2 防卫反应相关蛋白是抗病的关键因素

病程相关蛋白(pathogenesis-related protein，PR蛋白)是寄主植物中普遍存在的一类具有广谱抗病性的可溶性蛋白(Soh et al.，2012)，病程相关蛋白主要有β-1,3-葡聚糖酶(PR-2)、几丁质酶(PR-3)、过氧化物酶类(PR-9)、过敏反应相关的PR蛋白(PR-10)等(Loon et al.，2006)。本研究共鉴定了6个差异表达的PR蛋白(A6、B2、B5、C3、C4和C5)。

抗坏血酸过氧化物酶(APX)是寄主植物体内氧化还原途径的关键酶之一(Faizea et al.，2012)，它属于病程相关蛋白PR-9家族。本研究中蛋白质点(C3)被鉴定为抗坏血酸过氧化物酶，发生了明显的上调表达，表明百合抗病无性系在受枯萎病尖孢镰刀菌侵染后，通过调控活性氧(reactive oxygen species，ROS)的浓度，减轻了尖孢镰刀菌对寄主植物百合的危害。因此推测抗氧化机制也是百合抗病无性系抗病性的重要机制之一。

7.5.3 可能与百合抗病无性系抗病性相关的其他蛋白质

在本研究已经分析鉴定出的差异表达蛋白中，蛋白质合成代谢相关蛋白和未知功能的蛋白质有10个(图7-5～图7-8)，其中，蛋白质合成代谢相关蛋白(A2、B1)都表现出明显的下调表达，而其他8个未知功能蛋白(S2、S3、A3、A4、A8、C1、C4、B4)也发生了明显的差异表达，推测这些蛋白质可能参与了百合抗病无性系的抗病防卫反应。关于这些蛋白质的具体功能还有待深入研究。

7.6 关于iTRAQ蛋白质组分析的问题

为全面探索百合抗尖孢镰刀菌细胞突变系的抗病机制，分析关键基因的表达模式，同步开展转录组与蛋白质组的比较研究，实现期间的互补和整合，可更好地解析其抗病性。本研究基于转录组数据构建蛋白质搜索库，借助iTRAQ技术，对百合抗病无性系和感病无性系的差异蛋白进行研究。差异蛋白显著性富集分析结果表明，百合感病无性系和抗病无性系中的差异蛋白极显著富集的GO-term主要涉及：抗氧化活性(antioxidant activity)、过氧化物酶活性(peroxidase activity)、氧化还原酶活性(oxidoreductase activity)、转氨酶活性(transaminase activity)、应激反应(response to stress)、生物合成反应(biosynthetic process)、有机氮化合物代谢反应(organonitrogen compound metabolic process)、细胞氨基酸代谢反应(cellular amino acid metabolic process)、光合作用(photosynthesis)等(附表 1)。接种尖孢镰刀菌百合专化型孢子悬浮液 48h 后，百合抗病无性系中的差异蛋白极显著富集的 GO-term 主要涉及：糖分解反应(glycolytic process)、氧化还原反应(oxidation-reduction process)、核苷二磷酸代谢反应(nucleoside diphosphate metabolic process)、蛋白质折叠(protein folding)等(附表 3)；百合感病无性系中的差异蛋白极显著富集的 GO-term 主要涉及：细胞碳水化合物生物合成反应(cellular carbohydrate biosynthetic process)、组蛋白赖氨酸甲基化(histone lysine methylation)、葡聚糖生物合成反应(glucan biosynthetic process)、嘌呤核苷酸代谢反应(purine nucleotide metabolic process)、赖氨酸肽链甲基化(peptidyl-lysine methylation)等(附表 4)。

本研究对百合抗病无性系和感病无性系的差异蛋白的 pathway 进行富集分析，极显著富集的 pathway 涉及代谢途径(metabolic pathway)、二羧酸代谢(glyoxylate and dicarboxylate metabolism)、卟啉和叶绿素代谢(porphyrin and chlorophyll metabolism)、磷酸戊糖途径(pentose phosphate pathway)、苯丙烷类生物合成(phenylpropanoid biosynthesis)等(表 7-8)。对百合抗病无性系和感病无性系接种尖孢镰刀菌 48h 的差异蛋白的 pathway 进行富集分析，极显著富集的 pathway 涉及光合生物中的固氮作用(carbon fixation in photosynthetic organisms)，甘氨酸、丝氨酸和苏氨酸代谢(glycine, serine and threonine metabolism)，丙氨酸、天冬氨酸和谷氨酸代谢(alanine, aspartate and glutamate metabolism)等(表 7-9)。接种尖孢镰刀菌 48h 后，百合抗病无性系中的差异蛋白极显著富集的 pathway 涉及次生代谢物的生物合成(biosynthesis of secondary metabolite)、在不同环境中的微生物代谢(microbial metabolism in diverse environment)、碳代谢(carbon metabolism)、氨基酸生物合成(biosynthesis of amino acid)、糖酵解/糖异生(glycolysis/gluconeogenesis)、丙酮酸代谢(pyruvate metabolism)、抗生素生物合成(biosynthesis of antibiotics)(表 7-10)；百合感病无性系中的差异蛋白极显著富集的 pathway 涉及如内质网上的蛋白质加工(protein processing in endoplasmic reticulum)、氨酰 tRNA 生物合成(aminoacyl-tRNA biosynthesis)、光合作用(photosynthesis)等(表 7-11)。上述代谢途径直接或间接参与到百合抗病无性系对尖孢镰刀菌的抗病反应中，是值得我们重点研究的内容。

百合基因组非常巨大，其全基因组测序并没有完成，转录组与蛋白质组分析将成为百合抗病机制研究的重要技术手段。本研究通过转录组学和蛋白质组学技术，获得了部分百合抗尖孢镰刀菌的相关代谢途径和与抗病性相关的基因和蛋白质，这为揭示百合抗尖孢镰刀菌的分子机制及百合抗病育种奠定了一定的基础。

参 考 文 献

安智慧, 黄大野, 石延霞, 等. 2010. 百合镰刀菌枯萎病防治药剂的研究[J]. 中国蔬菜, 18: 23-26

边小荣. 2016. 兰州百合枯萎病病原鉴定及病原菌生物学特性研究. 兰州: 甘肃农业大学硕士学位论文

蔡小东, 吴俊清, 谢志军. 2008. 一品红愈伤组织诱导增殖及悬浮系建立的研究[J]. 安徽农业科学, 36(26): 11417-11418, 11423

曹清波, 余毓君. 1991. 小麦幼胚愈伤组织培养和抗赤霉病体细胞筛选[J]. 华中农业大学学报, 10(1): 9-19

查夫拉 H S. 2005. 植物生物技术导论[M]. 许亦农, 麻密译. 北京: 化学工业出版社

常立. 2004. 岷江百合植株再生技术研究[D]. 成都: 四川农业大学硕士学位论文

陈捷. 2007. 现代植物病理学研究方法[M]. 北京: 中国农业出版社

陈敏, 姚善泾. 2010. 原生质体复合诱变选育刺芹侧耳木质素降解酶高产菌株[J]. 高校化学工程学报, 24(3): 462-467

陈全助. 2013. 福建桉树焦枯病菌鉴定及其诱导下桉树转录组和蛋白组学研究[D]. 福州: 福建农林大学博士学位论文

陈舒博, 丁彦芬, 赵天鹏, 等. 2015. 植物蛋白质双向电泳样品制备研究进展[J]. 天津农业科学, (6): 7-10

程智慧, 邢宇俊. 2005. 利用马铃薯晚疫病菌粗毒素离体筛选马铃薯抗晚疫病无性系[J]. 西北植物学报, 25(12): 2402-2407

褚云霞, 陈龙清, 黄燕文, 等. 2001. 百合的花药培养研究[J]. 园艺学报, 28(5): 472-474

褚云霞, 张永春, 杨红娟. 2002. 百合花药愈伤组织诱导中的基因型差异[J]. 上海农业学报, 18(3): 17-20

狄翠霞, 安黎哲, 张满效, 等. 2005. 西伯利亚百合器官离体培养及结鳞茎的研究[J]. 西北植物学报, 20(5): 193-195

丁丁, 吕长平, 张艺萍, 等. 2011. 百合抗尖孢镰刀菌无性系的离体筛选[J]. 湖南农业大学学报, 37(1): 34-38

丁兰, 赵庆芳, 谢晖. 2003. 泰伯百合的离体快繁[J]. 西北师范大学学报, 39(3): 65-67

杜方. 2014. 百合不同器官转录组分析及SSR标记开发应用[D]. 杭州: 浙江大学博士学位论文

方文娟, 韩烈保, 曾会明, 等. 2005. 植物细胞悬浮培养影响因子研究[J]. 生物技术通报, 5: 11-14

方中达. 1998. 植病研究方法[M]. 北京: 中国农业出版社

丰先红, 李健, 罗孝贵. 2010. 植物组织培养中体细胞无性系变异研究[J]. 中国农学通报, 26(14): 70-73

参考文献

高必达, 陈捷. 2006. 生理植物病理学[M]. 北京: 科学出版社

高俊凤. 2006. 植物生理学试验指导[M]. 北京: 高等教育出版社

顾玉成, 吴金平. 2004. 利用离体培养技术筛选抗病突变体的研究进展[J]. 湖北农业科学, (2): 56-58

海蒂弗斯 R, 威廉斯 P H. 1991. 植物病理生理学[M]. 宋佐衡, 等译. 北京: 农业出版社

韩玲, 程智慧, 孙金利, 等. 2010. 枯草芽孢杆菌对百合枯萎病的防治效果[J]. 西北农业学报, 19(10): 133-136

韩青, 杨野, 陈瑞, 等. 2015. 超表达岷江百合类萌发素蛋白基因 $LrGLP2$ 增强烟草对几种病原真菌的抗性[J]. 植物生理学报, 51(12): 2223-2230

韩晓光, 薛哲勇, 支大英, 等. 2005. 高羊茅胚性愈伤组织的高效诱导及其耐盐突变体筛选[J]. 草业学报, 14(6): 112-118

何钢, 文亚峰, 付杰, 等. 2004. 人心果细胞悬浮培养的初步研究[J]. 经济林研究, 22(4): 43-46

胡博然, 徐文彪, 马峰旺. 2003. 枸杞胚细胞悬浮培养系统建立的研究[J]. 西北农林科技大学学报(自然科学版), 31(1): 99-100

胡凤荣, 席梦利, 刘光欣. 2007. 东方百合的器官发生与体胚发生研究[J]. 南京林业大学学报(自然科学版), 31(2): 5-8

胡颖慧. 2012. 唐菖蒲根腐菌粗毒素的致毒作用及抗病无性系筛选[D]. 哈尔滨: 东北农业大学硕士学位论文

黄海涛, 王丹, 周丽娟. 2010. 东方百合 X 射线急性辐照后代的生长及 POD 同工酶特性研究[J]. 北方园艺, 20: 138-140

黄河勋, 魏振承, 张孝祺, 等. 2004. 西瓜抗枯萎病突变体离体筛选技术的研究[J]. 中国西瓜甜瓜, (3): 4-5

黄炜, 巩振辉, 李大伟. 2007. 离体筛选抗枯萎病辣椒新种质[J]. 西北植物学报, (27)6: 1096-1101

黄勇琴, 李娜, 孔德政. 2012. 冬荷抗腐烂病的初步鉴定及其生理变化[J]. 西北农林科技大学学报(自然科学版), 40(3): 111-116

姜福星, 杨丽娟, 陈其兵, 等. 2015. 泸定百合转录组测序与特性分析[J]. 西北林学院学报, 30(5): 143-150

蒋林惠, 姜丽, 徐银, 等. 2015. 甜椒果实总蛋白质双向电泳优化体系的建立[J]. 食品工业科技, 36(4): 84-88

焦竹青, 许培磊, 王振兴, 等. 2012. 山葡萄花序蛋白质双向电泳技术体系的建立[J]. 果树学报, 29(5): 945-951

金淑梅, 吕品, 李黎, 等. 2006. 细叶百合的组织培养研究[J]. 国土与自然资源研究, (2): 95-96

晋海军, 秦俊丽, 陈惠, 等. 2015. 籽粒苋根系蛋白的提取与双向电泳体系的建立[J]. 分子植物育种, 13(8): 1884-1889

鞠培娜, 方云霞, 邹国兴, 等. 2010. 一个新的水稻叶形突变体(tll1)的遗传分析与精细定位[J]. 植物学报, 45(6): 654-661

邝瑞彬, 李春雨, 杨静, 等. 2013. 抗感枯萎病香蕉的细胞结构抗性研究[J]. 分子植物育种, 11(2): 193-198

兰倩, 杨利平. 2011. 麝香百合'雪皇后'多倍体诱导[J]. 河北农业大学学报, 34(2): 48-52

李诚, 李俊杰, 薛春胜, 等. 1996. 百合枯萎病病原菌鉴定[J]. 植物病理学报, 26(2): 191-192

李德军, 邓治, 陈春柳, 等. 2009. 植物组织双向电泳样品制备方法研究进展[J]. 中国农学通报, 25(24): 78-82

李合生. 2000. 植物生理生化试验原理和技术[M]. 北京: 高等教育出版社

李红丽. 2014. 岷江百合 $Lr14$-3-3 基因的克隆与功能分析[D]. 昆明: 昆明理工大学硕士学位论文

李宏科. 1998. 颉颃微生物的开发和利用[J]. 世界农业, 2: 28-30

李捷, 冯丽丹, 杨成德, 等. 2016. 接种尖镰孢菌对枸杞苯丙烷代谢关键酶及产物的影响[J]. 草业学报, 25(5): 87-94

李丽, 尹芳, 张无敌, 等. 2007. 紫茎泽兰液和沼液抑制百合镰刀菌的研究[J]. 安徽农学通报, 13(3): 136-137

李润根, 王愉, 程华. 2016. 百合枯萎病病原菌分离鉴定及药剂室内筛选[J]. 湖北农业科学, 55(10): 2551-2554

李湘龙, 柏斌, 吴俊, 等. 2012. 第二代测序技术用于水稻和稻瘟菌互作早期转录组的分析[J]. 遗传, 34(1): 102-112

李晓玲, 丛娟, 于晓明, 等. 2008. 植物体细胞无性系变异研究进展[J]. 植物学通报, 25(1): 121-128

李玉平, 龚宁, 李美玲, 等. 2006. 2,4-D 和 KT 对大花金挖耳愈伤组织诱导的影响[J]. 西北农业学报, IS(4): 147-152

梁军, 魏刚, 吕全, 等. 2003. 印楝细胞悬浮培养系的建立及悬浮培养[J]. 林业科学研究, 16(5): 568-574

梁丽琴, 李健强, 杨宇红, 等. 2014. 植物与尖孢镰刀菌的互作机制研究现状[J]. 中国农学通报, 21: 40-46

梁巧兰, 徐秉良, 刘艳梅. 2004. 观赏百合根腐病病原鉴定及药剂筛选[J]. 甘肃农业大学学报, (1): 25-28

梁小红. 2005. 三种草坪草耐 NaCl 变异细胞的筛选及再生植株生理生化特性研究[D]. 北京: 北京林业大学硕士学位论文

刘进平, 郑成木. 2004. 利用辣椒疫霉培养滤液体外筛选胡椒抗瘟病无性系研究[J]. 热带亚热带植物学报, 12(6): 528-532

刘进平, 郑成木. 2006. 化学诱变结合离体选择选育胡椒瘟病无性系[J]. 热带作物学报, 27(1): 22-27

刘君绍, 田时炳, 皮伟, 等. 2003. 茄子抗黄萎病突变体离体筛选Ⅱ.突变体筛选[J]. 西南农业学报, 16(4): 102-106

刘梅, 卢志军, 王文君. 2010. 甘蓝种传尖孢镰刀菌粗毒素的研究[J]. 中国农业大学学报, 15(3): 63-69

刘淑芹, 吴凤芝. 2013. 分蘖洋葱叶片总蛋白提取与双向电泳条件优化[J]. 东北农业大学学报, 44(1): 71-76

刘新月, 李凡, 陈海如. 2008. 致病性尖孢镰刀菌生物防治研究进展[J]. 云南大学学报(自然科学版), 30(S1): 89-93

刘雅莉, 张剑侠, 潘学军. 2004. 东方百合'索邦'的花器官培养与快速繁殖[J]. 西北植物学报, 24(12): 2350-2354

刘亚娟, 李名扬, 张婷, 等. 2009. 新铁炮百合多倍体诱导及鉴定[J]. 云南农业大学学报, 24(6): 859-864

刘妍, 郑思乡, 吴红芝, 等. 2009. 东方百合对镰刀菌鳞茎腐烂病的抗性[J]. 贵州农业科学, 37(1): 4-7

刘艳妮, 王飞. 2010. 百合离体抗盐变异体的筛选及生理特性研究[J]. 西北林学院学报, 25(2): 70-75

刘永杰. 2016. 玉米抗禾谷镰刀菌的转录组分析[D]. 北京: 中国农业大学博士学位论文

柳春燕, 郭敏, 林学政, 等. 2005. 拟康氏木霉和枯草芽孢杆菌对黄瓜枯萎病的协同防治作用[J]. 中国生物防治, 21(3): 206-208

龙雅宜. 1999. 当前我国野生花卉资源研究中几个问题的探讨[J]. 植物资源与环境, 1(1): 7-12

陆柳英, 莫饶, 李开绵. 2007. 植物体细胞无性系变异技术的研究进展[J]. 广西农业科学, 38(3): 238-243

罗静, 周厚成, 王永清, 等. 2009. EMS离体诱变及抗草莓灰霉病愈伤组织的筛选[J]. 核农学报, 23(1): 90-94

罗丽, 李益, 葛红娟, 等. 2015. 利用EMS诱变获得抗溃疡病甜橙突变体的研究[J]. 湖南农业科学, 3: 1-4

吕桂云. 2010. 西瓜与枯萎病菌互作的组织学和转录组学初步分析[D]. 北京: 中国农业科学院博士学位论文

马兵刚, 马连营, 崔辉梅. 2001. 葡萄体细胞无性系变异中过氧化物酶同工酶的变化[J]. 石河子大学学报, 5: 299-301

马春红, 郑秋玲, 张凤莲, 等. 2011. 玉米新改良群体多酚氧化酶活性变化[J]. 玉米科学, 19(2): 70-72

马国斌, 林德佩, 王叶筠, 等. 2000. 西瓜枯萎病菌镰刀菌酸对西瓜苗作用机制的初步探讨[J]. 植物病理学报, 30(4): 373-374

马洪雨, 土占奎, 俞翼, 等. 2010. 适用于黄麻根部蛋白质组学分析的双向电泳技术[J]. 西北植物学报, 30(1): 195-202

马连菊, 高峰, 于翠梅, 等. 2002. 玉米细胞悬浮系的建立与单细胞培养效果[J]. 沈阳农业大学学报, 33(6): 449-451

马龙彪, 张悦琴, 吴则东. 2001. 抗甜菜褐斑病体细胞无性系变异的研究[J]. 中国糖料, (1): 1-5

马璐琳, 张艺萍, 丁醒, 等. 2012. 百合抗镰刀菌资源鉴定及抗病相关基因筛选[J]. 园艺学报, 39(6): 1141-1150

马艳玲, 吴凤芝, 刘守伟. 2008. 抗感枯萎病黄瓜品种的病理组织结构学研究[J]. 植物保护, 34(1): 81-84

毛军需, 李有. 2007. 豫西百合病害种类的调查与分析[J]. 华中农业大学学报, 26(3): 302-305

孟新亚. 2002. 大蒜胚性细胞悬浮系的建立[D]. 郑州: 河南农业大学硕士学位论文

穆鼎. 2005. 观赏百合——生理、栽培、种球生产与育种[M]. 北京: 中国农业出版社

潘其云, 朱明德, 邓建玲, 等. 2004. 百合镰刀菌枯萎病的发生与防治[J]. 上海农业科技, (3): 103-104

彭绿春, 杨秀梅, 苏艳, 等. 2011. 应用尖孢镰刀菌培养滤液室内鉴定百合品种抗病性研究[J]. 江西农业大学学报, 33(2): 275-277

平文丽, 杨铁钊. 2005. 体细胞无性系变异及其在作物育种中的应用[J]. 西北农业学报, 14(5): 23-31

漆艳香, 谢艺贤, 蒲金基, 等. 2007. 海南省香蕉枯萎菌 nit 突变体的筛选及鉴定[J]. 热带作学, 28(3): 93-96

曲玲, 焦恩宁, 李彦龙, 等. 2015. 枸杞抗炭疽病菌毒素愈伤组织变异体的离体筛选及其防御酶活性研究[J]. 西北林学院学报, 30(3): 81-88

饶建. 2013. 岷江百合响应尖孢镰刀菌的基因表达谱分析[D]. 昆明: 昆明理工大学硕士学位论文

石海波, 王云生, 冯勇, 等. 2015. 玉米籽粒蛋白质双向电泳技术体系的优化[J]. 华北农学报, 30(1): 171-176

石淑稳, 吴江生, 于勤思. 2007. 甘蓝型油菜小孢子离体诱变-紫外线对小孢子胚状体再生的影响[J]. 核农学报, 21(1): 17-19

苏亚春. 2014. 甘蔗应答黑穗病菌侵染的转录组与蛋白组研究及抗性相关基因挖掘[D]. 福州: 福建农林大学博士学位论文

苏媛, 刘雪静, 尹宝重, 等. 2015. 利用枯萎病菌毒素筛选草莓枯萎病抗性突变体[J]. 江苏农业科学, 43(10): 158-161

孙敬三, 桂耀林. 1995. 植物细胞工程实验技术[M]. 北京: 科学出版社: 37-49

孙君社, 方晓华. 2001. 植物激素对百合鳞片愈伤组织生长的影响[J]. 中国农业大学学报, 6(2): 58-61

孙利娜, 施季森. 2011. ^{60}Co-γ 射线对百合薄切片的诱变效应研究[J]. 现代农业科技, 4: 193-194

孙晓梅, 王潇潇, 贾莲, 等. 2011. 秋水仙素诱导新铁炮百合 $2n$ 花粉方法的优化[J]. 北方园艺, 14: 126-128

台莲梅, 许艳丽, 高凤昌. 2004. 尖孢镰刀菌毒素的初步研究[J]. 黑龙江八一农垦大学学报, 16(4): 9-12

唐定中, 王金陵, 李维明. 1997. 水稻纹枯病体细胞突变体的离体筛选[J]. 福建农业大学学报, 26(1): 8-12

唐楠. 2014. 郁金香遗传连锁图谱构建及主要真菌病害抗性 QTL 定位[D]. 杨凌: 西北农林科技大学博士学位论文

王建设. 2001. 葡萄细胞悬浮系的建立及 BADH 基因转化的研究[D]. 泰安: 山东农业大学硕士学位论文

王金生. 2001. 分子植物病理学[M]. 北京: 中国农业出版社

王瑾, 刘桂茹, 杨学举. 2005. EMS 诱变小麦愈伤组织选择抗旱突变体的研究[J]. 中国农学通报, 21(12): 190-193

王立, 张硕, 侯喜林, 等. 2012. 不结球白菜雌蕊蛋白质双向电泳技术体系的建立[J]. 南京农业大学学报, 35(1): 14-20

王曼, 刘连涛, 孙红春, 等. 2015. 棉花根系总蛋白质提取及双向电泳方法的改良[J]. 华北农学报, 30(6): 128-133

王绍敏, 赵新兰, 马亚男, 等. 2016. Rhizoctonia solani AG1-IA 侵染玉米过程中组织病理学变化及防卫反应基因的表达[J]. 玉米科学, 24(5): 37-42

王炜, 杨随庄, 谢志军, 等. 2014. 小麦体细胞无性系变异及 4-8 抗条锈遗传分析[J]. 核农学报, 28(10): 1751-1759

王祥会, 王军, 蒋小龙, 等. 2005. 云南进境百合种球病虫害调查研究[J]. 江西农业学报, 17(3): 42-45

王小军, 鲍文奎. 1998. 八倍体小黑麦耐盐细胞系产生的遗传机制[J]. 植物学报, 40(9): 330-338

王艳红, 龚束芳, 车代弟. 2007. 丰花月季愈伤组织的诱导及细胞悬浮培养[J]. 东北农业大学学报, 38(2): 161-165

王友生, 李阳春, 梁慧敏, 等. 2006. 紫花苜蓿愈伤组织诱导及植株再生的研究[J]. 草原与草坪, 4: 55-57

魏志刚. 2014. 东方百合茎腐病病原研究及抗性分析[D]. 南昌: 江西农业大学硕士学位论文

文涛, 喻晓, 曾杨, 等. 2007. 大百合诱变研究中秋水仙碱浓度筛选[J]. 种子, 26(11): 85-86

吴金平, 顾玉成, 万进, 等. 2005. 魔芋抗软腐病突变体筛选的初步研究[J]. 华中农业大学学报, 24(5): 448-450

兀旭辉, 许文耀, 林成辉. 2004. 香蕉枯萎病菌毒素特性的初步研究[C]//彭友良. 中国植物病理学会学术年会论文集. 北京: 中国农业科学技术出版社

谢杰, 余沛涛, 王全喜. 2007. 宜兴百合通过愈伤组织诱导再生鳞茎的研究[J]. 上海农业学报, 23(3): 96-100

徐冠仁. 1996. 植物诱变育种学[M]. 北京: 中国农业出版社: 1-2

徐敬华, 黄丹枫, 支月娥. 2004. PAL 活性与嫁接西瓜枯萎病抗性传递的相关性[J]. 上海交通大学学报(农业科学版), 22(1): 12-16

徐美隆, 张怀渝, 唐宗祥, 等. 2007. EMS 对丽格海棠离体诱变的生物学效应[J]. 核农学报, 21(6): 577-680

徐伟慧. 2014. 伴生小麦对西瓜生长及枯萎病抗性调控的机理研究[D]. 哈尔滨: 东北农业大学博士学位论文

许勇, 王永健, 葛秀春, 等. 2000. 枯萎病菌诱导的结构抗性和相关酶活性的变化与西瓜枯萎病抗性的关系[J]. 果树科学, 17(2): 123-127

薛芳, 褚洪雷, 胡志伟, 等. 2010. EMS 对新春 11 小麦抗性淀粉和农艺性状的诱变效果[J]. 麦类作物学报, 30(3): 431-434

杨嫦丽, 王有国, 王祥宁, 等. 2014. 镰刀菌诱导的泸定百合 SSH 文库构建及抗病相关基因筛选[J]. 西北植物学报, 34(11): 2170-2175

杨贺, 朱茂山. 2013. 保护地百合根腐病发生规律及防控技术[J]. 辽宁农业科学, 5: 88-89

杨随庄, 王红梅, 杨晓明, 等. 2007. 小麦体细胞无性系 SSR 位点的遗传变异特性分析[J]. 植物生理学通讯, 43(4): 678-682

杨薇红, 张延龙, 童斌, 等. 2004. 亚洲百合花器官的组培快繁技术研究[J]. 中国农学通报, 25(10): 1931-1936

杨秀梅, 瞿素萍, 吴学尉, 等. 2010a. 百合种质资源对枯萎病的抗性鉴定[J]. 西南农业大学学报(自然科学版), 32(6): 31-34

杨秀梅, 王继华, 王丽花, 等. 2010b. 百合枯萎病病原鉴定与 ITS 序列分析[J]. 西南农业学报, 23(6): 1914-1916

杨秀梅, 王继华, 王丽花, 等. 2012. 百合品种抗病基因同源序列分析及抗枯萎病的鉴定[J]. 园艺学报, 39(12): 2404-2412

杨长登, 庄杰云, 赵成章, 等. 1996. 组培品种黑珍米与供体差异及其 RFLP 分析[J]. 作物学报, 22(6): 688-692

姚连芳, 李桂荣, 张建伟. 2005. 秋水仙素处理对野生百合形态影响的研究[J]. 西南农业学报, 18(2): 222-224

叶景秀. 2015. 小麦籽粒蛋白质双向电泳体系的优化[J]. 江苏农业学报, 31(5): 957-961

叶世森, 林芳. 2007. 百合真菌性病害化学防治方法的研究[J]. 福建林业科技, 34(3): 65～68

叶世森, 林芳, 宋建英. 2005. 百合病害的研究综述[J]. 西南林学院学报, 25(3): 84-88

尹庆良, 刘世强. 1994. 水稻细胞悬浮系及其单细胞培养的研究[J]. 沈阳农业大学学报, 25: (4): 366-372.

尹文兵, 李丽娟, 黄勤妮. 2004. 胡萝卜愈伤组织的诱导及细胞悬浮培养研究[J]. 山西师范大学学报(自然科学版), 18(2): 71-76

余永廷, 谢媛媛, 黄丽丽, 等. 2007. 不同碳、氮源组合对小麦全蚀病菌产生胞外 β-1,3-葡聚糖酶的影响[J]. 西北农林科技大学学报(自然科学版), 35(2): 110-114

喻晓. 2008. 大百合无性系突变体诱导及其鉴定研究[D]. 成都: 四川农业大学硕士学位论文

袁红旭, 商鸿生. 2002. 棉花枯萎病菌接种及毒素处理后棉花维管束病理特征[J]. 植物病理学报, 32(1): 16-20

臧淑珍, 杨佳明, 赵兴华, 等. 2010. 秋水仙素不同处理方法和浓度诱导百合 $2n$ 配子的研究[J]. 北方园艺, 11: 98-100

曾广娟, 李春敏, 张新忠, 等. 2009. 适于 SDS-PAGE 分析的苹果叶片蛋白质提取方法[J]. 华北农学报, 24(2): 75-78

詹德智. 2012. 百合对镰刀菌茎腐病的抗性评价[D]. 南京: 南京林业大学硕士学位论文

詹亚光, 齐凤慧, 高瑞馨, 等. 2006. 欧美杂交种山杨体细胞无性系变异的分析[J]. 植物学通报, (23)1: 44-45

张彩霞, 田义, 张利义, 等. 2015. 苹果枝条表皮应答轮纹病菌侵染的蛋白质组学分析[J]. 植物病理学报, 45(3): 280-287

张冬雪, 王丹, 张志伟. 2007. ^{60}Co-γ 射线辐照对东方百合鳞片不定芽诱导的影响[J]. 北方园艺, 2: 152-155

张宏军, 肖钢, 谭太龙, 等. 2008. EMS 处理甘蓝型油菜(*Brassica napus*)获得高油酸材料[J]. 中国农业科学, 41(12): 4016-4022

张洁, 葛会波, 张学英. 2005. 草莓细胞悬浮培养条件优化及植株再生的研究[J]. 河北农业大学学报, 28(1): 28-31

张金平. 2014. 受镰刀菌酸诱导的节瓜 *CqWRKY1* 基因的克隆及表达分析[D]. 广州: 暨南大学硕士学位论文

张举仁, 高树芳, 杨爱芳. 1998. 利用组织培养技术选育玉米抗小斑病突变体[J]. 生物工程学报, 14(4): 457-459

张俊芳, 刘庆华, 王奎玲, 等. 2009. 秋水仙素诱导青岛百合四倍体研究[J]. 核农学报, 23(3): 454-457

张丽丽. 2013. 百合抗枯萎病研究[D]. 保定: 河北农业大学硕士学位论文

张喜春, Lutova L A, 韩振海, 等. 2000. 利用细胞筛选方法获得番茄抗晚疫病突变体的研究[J]. 园艺学报, 27(5): 377-379

张晓倩, 刘洋, 吕潇, 等. 2016. 基于正交试验的向日葵种子蛋白双向电泳技术的研究[J]. 种子, 35(1): 15-18

张自立, 俞新大. 1990. 植物细胞和体细胞遗传学技术与原理[M]. 北京: 高等教育出版社

赵军, 徐莺, 严舫, 等. 2001. 红花愈伤组织的诱导与花柱愈伤组织的继代、浮培养[J]. 四川大学学报(自然科学版), 38(3): 421-424

赵兰飞. 2016. 小麦赤霉病Ⅱ型抗性机理研究及相关基因的功能鉴定[D]. 泰安: 山东农业大学博士学位论文

赵庆芳, 曾小英, 丁兰, 等. 2003. 东方百合组织培养和快速繁殖研究[J]. 西北师范大学学报(自然科学版), 39(1): 66-68

赵秀娟, 唐鑫, 程蛟文, 等. 2013. 酶活性、丙二醛含量变化与苦瓜抗枯萎病的关系[J]. 华南农业大学学报, 34(3): 372-377

赵彦杰. 2005. 百合茎腐病的发生规律及防治方法[J]. 北方园艺, (5): 45

赵彦杰, 宴文武, 周蓉. 2005. 食用百合茎腐病的发生规律及综合防治[J]. 安徽农业科学, 33(12): 2294-2295

郑思乡, 魏志刚, 毛莎莎, 等. 2014. 东方百合对茎腐病的抗性分析[J]. 植物保护学报, 41(4): 429-437

中国科学院上海植物生理研究所, 上海市植物生理学会. 1999. 现代植物生理学实验指南[M]. 北京: 科学出版社

钟云. 2012. *Candidatus liberibacter asiaticus* 诱导的柑橘转录组学及蛋白组学研究[D]. 长沙: 湖南农业大学博士学位论文

周嘉华. 1983. 高等植物抗病突变体的细胞水平选择[J]. 遗传, 5(6): 46-48

周瑜, 刘佳佳, 张盼盼, 等. 2016. 糜子叶片防御酶系及抗氧化物质对黑穗病菌胁迫的响应[J]. 中国农业科学, 49(17): 3298-3307

朱方超, 贾瑞宗, 孙勇, 等. 2015. 水稻种子蛋白双向电泳方法的建立和质谱初步分析[J]. 分子植物育种, 13(11): 2446-2452

朱海燕. 2012. 龙牙百合鳞茎腐烂病病原鉴定及室内药剂毒力测定[D]. 长沙: 湖南农业大学硕士学位论文

朱晋云, 许玉娟, 杨丽萍, 等. 2006. 利用无性系变异改良定型小麦品种的研究[J]. 核农学报, 20(6): 460-463

朱茂山, 关天舒. 2007. 百合主要病害及其防治关键技术[J]. 辽宁农业科学, (6): 41-43

朱茂山, 关天舒, 吕振环. 2010. 13 种杀菌剂对百合枯萎病菌的室内毒力测定[J]. 农药, 10: 760-761

朱茂山, 杨贺, 关天舒, 等. 2008. 百合枯萎病菌生物学特性研究[J]. 辽宁农业科学, (3): 9-11

庄晓英, 卢钢, 汪志平, 等. 2006. 中国水仙离体诱变研究[J]. 核农学报, 20(1): 32-35

邹一平, 周蓉, 杨士杰, 等. 2006. 镰刀菌与根螨在食用百合鳞茎上的协同侵染及防治[J]. 江苏农业科学, (6): 135-138

Agrawal G K, Rakwal R, Yonekura M, et al. 2002. Proteome analysis of differentially displayed proteins as a tool for investigating ozone stress in rice (*Oryza sativa* L) seedlings[J]. Proteomics, 2: 947-959

Ahn M S, Lee K J, Jeong J S. 2003. Investigation on pollination methods for the intergeneric hybrid between *Hemerocallis* and *Lilium*[C]. Acta Hort., 620: 305-310

Amato F. 1985. Cytogenetics of plant cell and tissue culture and their regenerates[J]. CRC Crit. Rev. Plant Sci., 8: 73-112

Arzate A M, Nakazaki T, Okumoto Y, et al. 1997. Efficient callus induction and plant regeneration from filaments with anther in lily (*Lilium longiflorum* Thunb.)[J]. Plant Cell Rep., 16: 836-840

Avdiushko S A, Ye X S, Kuc J. 1993. Detection of several enzymatic activities in leaf prints of cucumber plants[J]. Physiol. Mol. Plant Pathol., 42: 441-454

Baayen R P, Schrama R M. 1990. Copmarison of five stem inoculation methods with respect to phytoalexin accumulation and *Fusarium* wilt development in carnation[J]. Neth. J. Plant Pathol., 96: 315-320

Baayen R P, Ouellette G B, Rioux D. 1996. Compartmentalization of decayin carnations resistant to *Fusarium oxysporum* f. sp. *dianthi*[J]. Phytopathology, 86: 1018-1031

Bari R, Jones J D. 2009. Role of plant hormones in plant defence responses[J]. Plant Mol. Biol., 69(4): 473-488

Benhamou N, Bélanger R R, Rey P, et al. 2001. Oligandrin, theelicitin-like protein produced by the mycoparasite *Pythium oligandrum*, induces systemic resistance to *Fusarium* crown and root rot in tomato plants[J]. Plant Physiol. Biochem., 39: 681-698

Benhamou N, Lafontaine P J. 1995. Ultrastructural and cytochemical characterization of elicitor-induced structural responses in tomato root tissues infected by *Fusarium oxysporum* f. sp. *radicis-lycopersici*[J]. Planta, 197(1): 89-102

Bernards M A, Fleming W D, Llewellyn D B, et al. 1999. Biochemical characterization of the suberization-associated anionic peroxidase of potato[J]. Plant Physiol., 121(1): 135-145

Bhagwat B, Duncan E J. 1998. Mutation breeding of banana cv. *Highgate musa* spp. AAA Group for tolerence to *Fusarium oxysporum* f. sp. *cubense* using chemical mutagens[J]. Sci. Hortic., 73: 11-22

Blackstock W P, Weir R M P. 1999. Proteomics: Quantitative and physical mapping of cellular proteins[J]. Trends Biotechnol., 17(3): 121-127

Bolton M D, Kolmer J A, Xu W W, et al. 2008. Lr34-mediated leaf rust resistance in wheat: transcript profiling reveals a high energetic demand supported by transient recruitment of multiple metabolic pathways[J]. Mol. Plant Microbe Interact., 21(12): 1515-1527

Bong H H, Byeoung W Y, Hee J Y, et al. 2005. Improvement of in vitro micropropagation of *Lilium* oriental hybird 'Casa Blanca' by the formation of shoots with abnormally swollen basal plates[J]. Sci. Hortic., 103(3): 351-359

Bozkurt T O, Mcgrann G R, Maccormack R, et al. 2010. Cellular and transcriptional responses of wheat during compatible and incompatible race — specific interactions with *Pucciraia striiformis* f. sp. *Tritici* [J]. Mol. Plant Pathol., 11(5): 625-640

Brammall R A, Higgins V J. 1988. Ahistological comparison of fungal colonization in tomato seedlings susceptible and resistant to *Fusarium* crown and root rot disease[J]. Can. J. Bot., 66: 915-925

Calero-Nieto F, DiPietro A, Roncero M I G, et al. 2007. Role of the transcriptional activator XInR of *Fusarium oxysporum* in regulation of xylanase genes and virulence[J]. Mol. Plant Microbe Interact., 20: 977-985

Canero D C, Roncero M I G. 2008. Influence of the chloride channel of *Fusarium oxysporum* on extracellular laccase activity and virulence on tomato plants[J]. Microbiol-Sgm, 154: 1474-1481

Cantu D, Vicente A R, Labavitch J M, et al. 2008. Strangers in the matrix: plant cell walls and pathogen susceptibility[J]. Trends. Plant Sci., 13(11): 610-617

Carlson P S. 1973. Methionine sulfoximine—resistant mutants of tobacco[J]. Science, 180 (4093): 1366-1368

Chen F, Yuan Y X, Li Q, et al. 2007. Proteomic analysis of rice plasma membrane reveals proteins involved in early defence response to bacterial blight[J]. Proteomics, 7(9): 1529-1539

Chen X F, Fu S F, Zhang P H, et al. 2013. Proteomic analysis of a disease-resistance enhanced lesion mimic mutant spotted leaf in rice[J]. Rice, 6: 1-10

Choi H W, Lee B, Kim N H, et al. 2008. A role for a menthone reductase in resistance against microbial pathogens in plants[J]. Plant Physiol., 148(1): 383-401

Coram T E, Settles M L, Chen X. 2008. Transcriptome analysis of high-temperature adult-plant resistance conditioned by Yr39 during the wheat *Puccinia striiformis* f. sp. *tritici* interaction [J]. Mol. Plant Pathol., 9(4): 479-493

Curir P, Dolci M, Pasini C, et al. 2003. Saponin content in lily (*Lilium* Hybr.) as an indicator of the resistance degree against *Fusarium oxysporum* f. sp. *lilii*[J]. Italus Hortus, 10(4): 291-293

Curir P, Guglieri L, Dolei M, et al. 2000. Fusaric acid production by *Fusarium oxysporum* f. sp. *lilii* and its role in the lily basal rot disease[J]. Eur. J. Plant Pathol., 106: 849-856

De Lorenzo G, Castoria R, Bellicampi D, et al. 1997. Fungal incasion enzymes and their inhibition. *In*: Carron G, Tudzynski Peds. The Mycota V Part A: Plant Relationship[M]. Berlin, Germany: Springer-Verlag: 61-83

Devaux P L H, Steven E U. 1993. Factors affecting anther culturability of recalcitrant barley geotypes[J]. Plant Cell Rep., 13(1): 32-36

Diener A C, Ausubel F M. 2005. Resistance to *Fusarium oxysporum* 1, adominant *Arabidopsis* disease-resistance gene, isnotrace specific[J]. Genetics, 171: 305-321

Dinakara C, Djilianov D, Bartelsa D. 2012. Photosynthesis in desiccation tolerant plants: energy metabolism and antioxidative stress defense[J]. Plant Sci., 182: 29-41

Dixon R A, Lamb C J. 1990. Molecular communication in interactions between plants and microbial pathogens[J]. Annu. Rev. Plant Physiol. Plant Mol. Biol., 41: 339-367

Duong T N, Bui van L, Seiichi F, et al. 2001. Effects of activated charcoal, explant size, explant position and sucrose concentration on plant and shoot regeneration of *Lilium longiflorum* via young stem culture[J]. Plant Growth Regul., 33: 59-65

Duyvesteijn R G, Van Wijk R, Boer Y, et al. 2005. Frp1isa *Fusarium oxysporum* F-box protein required for pathogenicity on tomato[J]. Mol. Microbiol., 57: 1051-1063

Edwards H H, Bonde M R. 2011. Penetration and establishment of *Phakopsora pachyrhizi* in soybean leaves as observed by transmission electron microscopy[J]. Phytopathology, 101: 894-900

Faizea M, Burgos L, Faizeb L, et al. 2012. Modulation of tobacco bacterial disease resistance using cytosolic ascorbate peroxidase and Cu, Zn-superoxide dismutase[J]. Plant Pathol., 61: 858-866

Famelaer I, Ennik E, Van Tuyl J M, et al. 1996. The establishment of suspension and meristem cultures for the development of a protoplast regeneration and fusion system in Lily[J]. Acta Hort., 414: 161-168.

Farkas G L, Stahmann A. 1996. On the nature of change in peroxidase isoenzymes in bean leave in tomato plants of south bean mosaic virus[J]. Phytopathology, 56: 69-77

Fuchs H, Sacristan M D. 1996. Identification of a gene in *Arabidopsis thaliana* controlling resistance to clubroot (*Plasmodiophora brassicae*) and characterization of the resistance response[J]. Mol. Plant Microbe Interact., 9(2): 91-97

Garcia-Maceira F I, Di Pietro A, Huertas-Gonzalez M D, et al. 2001. Molecular characterizeation of an endopoly galacturonase from *Fusarium oxysporum* expressed during early stages of infection[J]. Appl. Environ. Microb., 67: 2191-2196

Ge X C, Song F M, Chen Y Y, et al. 2001. Activities of defense related enzymes induced by benzothiadiazole in rice to blast fungus[J]. Chinese Rice Research Newsletter, 9(4): 10-11

Geddes J, Eudes F, Larcoche A, et al. 2008. Differential expression of proteins in response to the interaction between the pathogen *Fusarium graminearum* and its host, *Hordeum vulgare*[J]. Proteomics, 8(3): 545-554

Gomez K A. 1984. Statistical Procedures for Agricultural Research[M]. New York: John Wiley & Sons

Grohmann U, Bronte V. 2010. Control of immune response by amino acid metabolism[J]. Immunol. Rev., 236(1): 243-264

Gurusamy C H, Christof R. 2006. Efficient solubilization buffers for two-dimensional gel electrophoresis of acidic and basic proteins extracted from wheat seeds[J]. Biochim. Biophys. Acta, 1764(4): 641-644

Han D S, Yashiji N, Masaru N. 2000. Long term maintenance of an anther-derived haploid callus of the Aaiatic hybrid lily 'Connecticut King'[J]. Plant Cell Tiss. Org., 61: 215-219

Hartman C, McCoy T J, Knous T R. 1984. Selection of alfalfa (*Medicago sativa*) cell lines and regeneration of plants resistant to the toxin(s) produced by *Fusarium oxysporum* f. sp. *medicagnis* [J]. Plant Sci. Lett., 34(1): 183-194

Harwood C S, Parales R E. 1996. The beta-ketoadipate pathway and the biology of self-identity[J]. Annu. Rev. Microbiol., 50: 553-590

Houterman P M, Ben J C, Cornelissen M R. 2008. Suppression of plant resistance gene based immunity by a fungal effector[J]. Plos Pathog., 4: 1-6

Ikeda N, Niimi Y, Han D S. 2003. Production of seedlings from ovules excised at the zygole stage in *Lilium* sp. plant cell[J]. Plant Cell Tiss. Org., 73: 159-166

Imle E P. 1942. Bulbrot disease of lilies[M]. The Lily Year book of the North American Lily Society, Inc.: 30-41

Jiang S, Park P, Ishii H. 2008. Ultrastructural study on aciben-zolar-S-methyl-induced scab resistance in epidermal pectin layers of Japanese pear leaves[J]. Phytopathology, 98: 585-591

John V, Shauna S. 2000. Isolation and characterization of powdery mildew-resistant *Arabidopsis* mutants[J]. P. Natl. Acad. Sci. USA, 4: 1897-1902

Kamper J, Kahmann R, Bolker M, et al. 2006. Insights from the genome of the biotrophic fungal plant pathogen *Ustilago maydis*[J]. Nature, 444(7115): 97-101

Keegstra K. 2010. Plant cell walls[J]. Plant Physiol., 154(2): 483-486

Kintzios S, Koliooulos A, Karyoti E, et al. 1996. *In vitro* reaction of sunflower (*Helianthus annus* L.) to the toxin(s) produced by *Alternaria alternata*, the casual agent of brown leaf spot[J]. J. Phytopathol., 144: 465-470

Kj L, Td S. 2001. Analysis of relative gene expression data using real-time quantitative PCR and the $2^{-\Delta\Delta Ct}$ method[J]. Methods, 25: 402-408

Kumar S, Negi S P, Kanwar J K. 2008. *In vitro* selection and regeneration of chrysanthemum (*Dendranthema grandiflorum* Tzelev) plants resistant to culture filtrate of *Septoria obesa* Syd[J]. In Vitro Cell. Dev-Plant, 44: 474-479

Larkin P J, Scowcroft W P. 1981. Somaclonal variation-novel source of variability from cell culture for plant improvement[J]. Theor. Aool. Genet., 61: 197-214

Latha P, Anand T, Ragupathi N, et al. 2009. Antimicrobial activity of plant extracts and induction of systemic resistance in tomato plants by mixtures of PGPR strains and zmimu leaf extract against *Alternaria solani*[J]. Biol. Control, 50(2): 85-93

Lengeler K B, Davidson R C, Souza C D, et al. 2000. Signal transduction caseades regulation fungal development and virulence[J]. Microbiol. Mol. Biol. Rev., 64(4): 746-785

Li Z T, Dhekney S A, Gra D. 2011. *PR-1* gene family of grapevine: a uniquely duplicated *PR-1* gene from a vitis interspecific hybrid confers high level resistance to bacterial disease in transgenic tobacco[J]. Plant Cell Rep., 30: 1-11

Lim J H, Cho S T, Rhee H K, et al. 2005. Level of resistant to *Fusarium oxysporum* f. sp. *lilii*（Fol4 and 11）using endogenous antifungal substances extracted from bulbs and/or roots in *Lilium* genus[J]. Acta Hort., 673: 645-652

Löffler H J M, Meijer H, Straathof Th P. 1996. Segregation of *Fusarium* resistance in an interspecific cross between *Lilium longiflorum* and *Lilium dauricum*[J]. Acta Hort., 414: 203-208

Löffler H J M, Mouris J R. 1992. Fusaric acid: phytotoxicity and *in vitro* production by *Fusarium oxysporum* f. sp. *lilii*, the causal agent of basal rot in Lilies[J]. Neth. J. Pl. Path., 98: 107-115

Löffler H J M, Mouris J R. 1989. Screening for *Fusarium*-resitance in Lily[J]. Med. Fac. L and Bouww. Rijksuniv. Gent., 54: 525-530

Loon L C, Rep M, Pieterse C M. 2006. Significance of inducible defense-related proteins in infected plants[J]. Annu. Rev. Phytopathol., 44: 135-162

Loretta B, Patrizio C, Claudia B, et al. 2003. Adventitious shoot regeneration form leaf explants and stem nodes of *Lilium*[J]. Plant Cell Tiss. Org., 74: 37-44

Ma L J, vander Does H C, Borkovich K A, et al. 2010. Comparative genomics reveals mobile pathogenicity chromosomes in *Fusarium*[J]. Nature, 464: 367-373

Mace M E, Bell A A, Beckman C H. 1981. Fungal wilt of diseased plants[M]. New York: Academic Press

Mauch F, Mauchmani B, Boiler T. 1988. Antifungal hydrolases in pest tissue II. Inhibition of fungal growth by combination of chitinase and β-1,3-glucanase[J]. Plant Physiol., 88(3): 936-942

Mcgaha T L, Huang L, Lemos H, et al. 2012. Amino acid catabolism: a pivotal regulator of innate and adaptive immunity[J]. Immunol. Rev., 249(1): 135-157

Mclusky S R, Bennett M H, Beale M H, et al. 1999. Cell wall alterations and localized accumulation of feruloyl—3'-methoxytyramine in onion epidermis at sites of attempted penetration by Botrytis alliiare associated with actin polarisation peroxidase activity and suppression of flavonoid biosynthesis[J]. Plant J., 17(5): 523-534

Mehdy M C. 1994. Active oxygen species in plant defense against pathogens[J]. Plant Physiol., 105: 467-472

Michielse C B, van Wijk R, Reijnen L, et al. 2009. Insight into the molecular requirements for pathogenicity of *Fusarium oxysporum* f. sp. *lycopersici* through large-scale insert ionalmutagenesis [J]. Gen. Biol., 10: 4

Mitsugu H, Hitomi M, Fuminori K. 2002. Regeneration of flowering plants from difficile lily protoplasts by means of a nurse culture[J]. Planta, 215: 880-884.

Mittler R, Herr E H, Orvar B L, et al. 1999. Transgenic tobacco plants with reduced capability to detoxify reactive oxygen intermediates are hyperresponsive to pathogen infection[J]. P. Natl. Acad. Sci., 96(24): 14165-14170

Mohan R, Kolattukudy P E. 1990. Differential activation of expression of asuberization-associated anionic peroxidase gene in near-isogenic resistant and susceptible tomato lines by elicitors of *Verticillium albo-atratrum*[J]. Plant Physiol., 921: 276-280

Murashige T, Skoog F. 1962. A revised medium for rapid growth and bioassay with tobacco tissue culture[J]. Physiol. Plantarum, 15: 473-479

Nasir A, Ahmed I, Sheikh R. 2008. *In vitro* selection for *Fusarium* wilt resistance in gladiolus[J]. J. Integr. Plant Biol., 50: 601-612

Ospina-Giraldo M D, Mullins E, Kang S. 2003. Loss of function of the *Fusarium oxysporum SNF1* gene reduces virulence on cabbage and *Arabidopsis*[J]. Curr. Genet., 44: 49-57

Ouellette G B, Baayen R P, Simard M, et al. 1999. Ultrastructural and cytochemical study of colonization of xylem vessel elements of susceptible and resistant *Dianthus caryophyllus* by *Fusarium oxysporum* f. sp. *dianthi*[J]. Can. J. Bot., 77: 644-663

Pareja-Jaime Y, Roncero M I G, Ruiz-Roldan M C. 2008. Tomatinase from *Fusarium oxysporum* f. sp. *lycopersici* is required for full virulence on tomato plants[J]. Mol. Plant-Microbe Interact, 21: 728-736

Patricia C, Judith M, Abraham R, et al. 2000. Plant regeneration from callus and suspension cultures of *Valeriana edulis* ssp. *procera* via simultaneous organogenesis and somatic embryogenesis[J]. Plant Sci., 151(2): 115-119

Phillips R L, Kaeppler S M, Olhoft P. 1994. Genetic instability of plant tissue cultures, breakdown of normal controls[J]. Proc. Natl. Acad. Sci. USA, 91: 5222-5226

Pomastowski P, Buszewski B. 2014. Two-dimensional gel electrophoresis in the light of new developments[J]. Trend. Anal. Chem., 53: 167-177

Ren L X, Su S M, Yang X M, et al. 2008. Intercropping with aerobic rice suppressed *Fusarium* wilt in water melon[J]. Soil Biol. Biochem., 40: 834-844

Reynolds E S. 1963. The use of lead citrate at high pH as an electron-opaque stain in electron microscopy[J]. J. Cell Biol., 17: 208-212

Rioux D, Chamberland H, Simard M, et al. 1995. Suberized tyloses in trees: an ultrastructural and cytochemical study[J]. Planta, 196: 125-140

Robb S M. 1957. The culture of excised tissue from bulb scales of *Lilium speciosum*[J]. J. Erp. Bot., 8: 348-352

Sarritan D J. 1982. Resistance response to phomalingum of plant regenestated from selected cell and embroyogenic cultures of hapliod *Brassianapus*[J]. Thero. Appl. Genet., 61: 193-200

Saxena G, Verma P C, Rahman L, et al. 2008. Selection of leaf blight-resistant *Pelargonium graveolens* plants regenerated from callus resistant to a culture filtrate of *Alternaria alternate*[J]. Crop Prot., 27: 558-565

Scowcroft W R, Larkin P J. 1982. Somaclonal variations: A new option for plant improvement. *In*: Vasil I K, Scowcroft W R, Frey K J. Plant Improvement and Somatic Cell Genetics[M]. New York: Academic Press

Siegrid S, Roswitha M, Horst V. 2008. Germination of *Fusarium oxysporum* in root exudates from tomato plants challenged with different *Fusarium oxysporum* strains[J]. Eur. J. Plant Pathol., 122: 395-401.

Sint Jan van, Costa de Macedo C., Kinet J M, et al. 1997. Selection of Al-resistant plants from a sensitive rice cultivar, using somaclonal variation, *in vitro* and hydroponic cultures[J]. Euphytica, 97(3): 303-310

Skirvin R M. 1978. Natural and induced variationin tissue culture[J]. Euphytica, 27: 241-266

Smith J D, Maginnes E A. 1969. Scale test of hardy hybrid lilies[J]. Can. Plant Dis. Surv., 49: 43-45

Smith J L, Moraes C M D, Mescher M C. 2009. Jasmonate and salicylate mediated plant defense responses to insect herbivores pathogens and parasitic plants[J]. Pest. Manag. Sci., 65: 497-503

Soh H C, Park A R, Park S, et al. 2012. Comparativean alysis of pathogenesis-related protein 10 (PR10) genes between fungal resistant and susceptible peppers[J]. Eur. J. Plant Pathol., 132: 37-48

Spanu P D, Abbott J C, Amselem J, et al. 2010. Genome expansion and gene loss in powdery mildew fungi reveal tradeoffs in extreme parasitism[J]. Science, 2010, 330(6010): 1543-1546

Straathof Th P, Van Tuyl J M. 1990. Breeding for resistance against *Fusarium* in tetraploid *Lilium*[M]. The Lily Year book of the North American Lily Society, Inc.: 23-27

Straathof Th P, Van Tuyl J M. 1994. Genetic variation in resistance to *Fusarium oxysporum* f. sp. *lilii* in the genus *Lilium*[J]. Ann. Appl. Biol., 125: 61-72

Straathof Th P, Van Tuyl J M, Dekker B. 1996. Genetic analysis of inheritance of partial resistance to *Fusarium oxysporum* in Asiatic hybrids of lily using RAPD markers[J]. Acta Hort., 414: 209-218

Strauβ T, Van Poecke R M, Strau B A, et al. 2012. RNA-seq pinpoints a *Xanthomonas* TAL-effector activated resistance gene in a large-crop genome[J]. P. Natl. Acad. Sci., 109(47): 19480-19485

Sun K K, Byung J A. 2005. Utilization of embryogenic cell cultures for the mass production of bulblets in Lilies[J]. Acta Hort., 625(625): 731-736

Švábová L, Lebeda A. 2005. *In vitro* selection of improved plant resistance to toxin-producing pathogens[J]. J. Phytopathol., 153: 52-64

Thakur M, Sharma D R, Sharma S. 2002. *In vitro* selection and regeneration of caranation (*Dianthus caryophyllus* L.) plants resistant to culture filtrate of *Fusarium oxysporum* f. sp. *dianthi*[J]. Plant Cell Rep., 29: 825-828

Thierry R, Mireille C, Sylvie L, et al. 2010. Two-dimensional gel electrophoresisin proteomics: Past, present and future[J]. J. Proteomics, 73: 2064-2077

Toshinari G, Katsunori K, Tomoyunki T, et al. 1998. *In vitro* propagation dhzing suspension cultures meristematic nodular cell clumps and chromosome diling of *Lilium* × *formolongi* Hon.[J]. Sci. Horticu., 72: 193-202

Tribulato A, Remotti P C, Löffler H J M, et al. 1997. Somatic embryogenesis and plant regeneration in *Lilium longiflorum* Thunb.[J]. Plant Cell Rep., 17: 113-118

Underwood W, Somerville S C. 2008. Focal accumulation of defences at sites of fungal pathogen attack[J]. J. Exp. Bot., 59(13): 3501-3508

Van Heusden A W, Jongerius M C, Van Tuyl J M, et al. 2002. Molecular assisted breeding for disease resistance in Lily[J]. Acta Hort., 572: 131-137

Van Tuyl J M. 1980. Lily breeding research of IVT in Wageningen[M]. The Lily Year book of the North American Lily Society, Inc.: 75-82

Ward J, Weber C. 2011. Comparative RNA-seq for the investigation of resistance to Phytophthora root rot in the red raspberry 'Latham'[C]. Proceedings of the X International Rubusand Ribes Symposium: 946

Weltring K M, Wessels J, Geyer R. 1997. Metabolism of the potato saponins achaconine and asolanine by *Gibberella pilicaris*[J]. Pergamon, 46(6): 1005-1009

Whetten R, Sederoff R. 1995. Lignin biosynthesis[J]. The Plant Cell, 25: 1001-1013

Wu H S, Liu D Y, Linga N, et al. 2009. Influence of root exudates of water melonon *Fusarium oxysporum* f. sp. *niveum*[J]. Soil Sci. Soc. Am. J., 73(4): 1150-1156

Wu H Sh, Yin X M, Zhu Y Y, et al. 2007. Nitrogen metabolism disorder in water melon leaf caused by fusaric acid[J]. Physi. Mol. Plant Pathol., 71: 69-77

Wu J, Zhang Y, Zhang H, et al. 2010. Whole genome wide expression profiles of tisamurensis grape responding to downy mildew by using *Solexa* sequencing technology[J]. BMC Plant Biology, 10(1): 234

Xie D, Ma L, Šamaj J, et al. 2011. Immunohistochemical analysis of cell wall hydroxyproline-rich glycoproteins in the roots of resistant and susceptible wax gourd cultivars in response to *Fusarium oxysporum* f. sp. *benincasae* infection and fusaric acid treatment[J]. Plant Cell Rep., 30(8): 1555-1569

Young S A, Guo A, Guikema J A, et al. 1995. Rice cationic peroxidase accumulates in xylem vessels during incompatible interactions with *Xanthomonas oryzae* pv. *oryzae*[J]. Plant Physiol., 107(4): 1333-1341

Zhang L Q, Cheng Z H, Khan M A, et al. 2011. *In vitro* selection of resistant mutant garlic lines by using crude pathogen culture filtrate of *Sclerotium cepivorum*[J]. Australas. Plant Path., 41: 211-217

Zheng Z, Nonomura T, Bóka K, et al. 2013. Detection and quantification of *Leveillula taurica* growth in pepper leaves[J]. Phytopathology, 103: 623-632

Zhu Q H, Stephen S, Kazan K, et al. 2013. Characterization of the defense transcriptome responsive to *Fusarium oxysporum* infectionin *Arabidopsis* using RNA-seq[J]. Gene, 512: 259-266

附　　表

附表 1　百合感病无性系和抗病无性系的差异蛋白 GO 富集分析

NO.	GO-term	Cluster frequency	Protein frequency of use	P 值*
Cellular component				
1	Intracellular organelle part	89/195，45.64%	1221/3808，32.06%	0.0001
2	Organelle envelope	40/195，20.51%	359/3808，9.43%	0.0000
3	Plastid envelope	36/195，18.46%	248/3808，6.51%	0.0000
4	Plastid part	71/195，36.41%	536/3808，14.08%	0.0000
5	Chloroplast part	70/195，35.90%	522/3808，13.71%	0.0000
6	Plastid stroma	45/195，23.08%	279/3808，7.33%	0.0000
7	Intracellular membrane-bounded organelle	150/195，76.92%	2606/3808，68.43%	0.0126
8	Plastid	104/195，53.33%	1133/3808，29.75%	0.0000
9	Chloroplast	96/195，49.23%	886/3808，23.27%	0.0000
10	Microbody	7/195，3.59%	52/3808，1.37%	0.0272
11	Peroxisome	7/195，3.59%	52/3808，1.37%	0.0272
12	Membrane-bounded organelle	150/195，76.92%	2607/3808，68.46%	0.0128
13	Plastid inner membrane	6/195，3.08%	44/3808，1.16%	0.0428
14	Chloroplast envelope	34/195，17.44%	234/3808，6.14%	0.0000
15	Organelle part	89/195，45.64%	1223/3808，32.12%	0.0001
16	Extracellular region	19/195，9.74%	156/3808，4.10%	0.0002
17	Apoplast	9/195，4.62%	71/3808，1.86%	0.0157
18	Envelope	40/195，20.51%	360/3808，9.45%	0.0000
19	Cytoplasmic part	153/195，78.46%	2710/3808，71.17%	0.0277
20	Cytoplasm	167/195，85.64%	2942/3808，77.26%	0.0061
21	Thylakoid	20/195，10.26%	208/3808，5.46%	0.0048
22	Chloroplast stroma	45/195，23.08%	271/3808，7.12%	0.0000
Molecular function				
23	Binding	154/224，68.75%	2675/4483，59.67%	0.0068
24	Organic cyclic compound binding	103/224，45.98%	1681/4483，37.50%	0.0106
25	Tetrapyrrole binding	11/224，4.91%	92/4483，2.05%	0.0088

NO.	GO-term	Cluster frequency	Protein frequency of use	P 值*
26	Heme binding	10/224, 4.46%	72/4483, 1.61%	0.0034
27	Pyridoxal phosphate binding	10/224, 4.46%	50/4483, 1.12%	0.0001
28	Unfolded protein binding	7/224, 3.13%	38/4483, 0.85%	0.0022
29	Cofactor binding	24/224, 10.71%	229/4483, 5.11%	0.0003
30	Coenzyme binding	14/224, 6.25%	164/4483, 3.66%	0.0472
31	Heterocyclic compound binding	103/224, 45.98%	1680/4483, 37.47%	0.0104
32	Ion binding	112/224, 50.00%	1695/4483, 37.81%	0.0003
33	Anion binding	60/224, 26.79%	930/4483, 20.75%	0.0304
34	Lyase activity	14/224, 6.25%	158/4483, 3.52%	0.0339
35	Transferase activity, transferring nitrogenous groups	6/224, 2.68%	29/4483, 0.65%	0.0022
36	Transaminase activity	6/224, 2.68%	29/4483, 0.65%	0.0022
37	Oxidoreductase activity	59/224, 26.34%	660/4483, 14.72%	0.0000
38	Oxidoreductase activity, acting on peroxide as acceptor	10/224, 4.46%	50/4483, 1.12%	0.0001
39	Peroxidase activity	10/224, 4.46%	49/4483, 1.09%	0.0000
40	Oxidoreductase activity, acting on the CH-OH group of donors	16/224, 7.14%	109/4483, 2.43%	0.0000
41	Oxidoreductase activity, acting on the CH-OH group of donors, NAD or NADP as acceptor	15/224, 6.70%	96/4483, 2.14%	0.0000
42	Antioxidant activity	10/224, 4.46%	63/4483, 1.41%	0.0008
Biological process				
43	Floral whorl development	6/235, 2.55%	43/4706, 0.91%	0.0325
44	Carpel development	4/235, 1.70%	23/4706, 0.49%	0.0445
45	Embryo development ending in seed dormancy	9/235, 3.83%	82/4706, 1.74%	0.0381
46	Floral organ development	7/235, 2.98%	57/4706, 1.21%	0.0411
47	Plant-type ovary development	4/235, 1.70%	20/4706, 0.42%	0.0234
48	Ovule development	4/235, 1.70%	20/4706, 0.42%	0.0234
49	Single-organism process	163/235, 69.36%	2896/4706, 61.54%	0.0159
50	Embryo development	11/235, 4.68%	100/4706, 2.12%	0.0099
51	Protein targeting to chloroplast	6/235, 2.55%	27/4706, 0.57%	0.0013
52	Single-organism metabolic process	137/235, 58.30%	2023/4706, 42.99%	0.0000
53	Single-organism carbohydrate metabolic process	31/235, 13.19%	421/4706, 8.95%	0.0276
54	Carbohydrate biosynthetic process	23/235, 9.79%	244/4706, 5.18%	0.0023

续表

NO.	GO-term	Cluster frequency	Protein frequency of use	P 值*
55	Cellular carbohydrate biosynthetic process	16/235, 6.81%	165/4706, 3.51%	0.0085
56	Polysaccharide biosynthetic process	16/235, 6.81%	157/4706, 3.34%	0.0047
57	Pigment metabolic process	21/235, 8.94%	147/4706, 3.12%	0.0000
58	Heme metabolic process	6/235, 2.55%	28/4706, 0.59%	0.0017
59	Heme biosynthetic process	6/235, 2.55%	25/4706, 0.53%	0.0007
60	Pigment biosynthetic process	21/235, 8.94%	124/4706, 2.63%	0.0000
61	Chlorophyll biosynthetic process	11/235, 4.68%	47/4706, 1.00%	0.0000
62	Carotenoid biosynthetic process	9/235, 3.83%	59/4706, 1.25%	0.0025
63	Small molecule metabolic process	89/235, 37.87%	1102/4706, 23.42%	0.0000
64	Small molecule biosynthetic process	38/235, 16.17%	449/4706, 9.54%	0.0009
65	Organic acid biosynthetic process	32/235, 13.62%	328/4706, 6.97%	0.0001
66	Organic acid metabolic process	71/235, 30.21%	730/4706, 15.51%	0.0000
67	Oxoacid metabolic process	70/235, 29.79%	729/4706, 15.49%	0.0000
68	Ether metabolic process	4/235, 1.70%	19/4706, 0.40%	0.0181
69	Glycerol ether metabolic process	4/235, 1.70%	19/4706, 0.40%	0.0181
70	Single-organism biosynthetic process	80/235, 34.04%	963/4706, 20.46%	0.0000
71	Lipid biosynthetic process	30/235, 12.77%	314/4706, 6.67%	0.0003
72	Glycerolipid biosynthetic process	6/235, 2.55%	42/4706, 0.89%	0.0284
73	Phospholipid biosynthetic process	19/235, 8.09%	131/4706, 2.78%	0.0000
74	Isoprenoid biosynthetic process	23/235, 9.79%	162/4706, 3.44%	0.0000
75	Cellular aldehyde metabolic process	27/235, 11.49%	208/4706, 4.42%	0.0000
76	Glyceraldehyde-3-phosphate metabolic process	23/235, 9.79%	165/4706, 3.51%	0.0000
77	Pentose-phosphate shunt	12/235, 5.11%	95/4706, 2.02%	0.0015
78	Isopentenyl diphosphate biosynthetic process, methyl erythritol 4-phosphate pathway	15/235, 6.38%	94/4706, 2.00%	0.0000
79	Oxidation-reduction process	50/235, 21.28%	639/4706, 13.58%	0.0009
80	Lipid metabolic process	35/235, 14.89%	456/4706, 9.69%	0.0093
81	Cellular lipid metabolic process	34/235, 14.47%	371/4706, 7.88%	0.0003
82	Isoprenoid metabolic process	24/235, 10.21%	165/4706, 3.51%	0.0000

NO.	GO-term	Cluster frequency	Protein frequency of use	P 值*
83	Phospholipid metabolic process	19/235, 8.09%	145/4706, 3.08%	0.0000
84	Single-organism cellular process	130/235, 55.32%	2242/4706, 47.64%	0.0215
85	Cellular homeostasis	10/235, 4.26%	89/4706, 1.89%	0.0223
86	Cell redox homeostasis	8/235, 3.40%	57/4706, 1.21%	0.0097
87	Maltose metabolic process	8/235, 3.40%	59/4706, 1.25%	0.0127
88	Cellular polysaccharide biosynthetic process	15/235, 6.38%	148/4706, 3.14%	0.0067
89	Glucan biosynthetic process	15/235, 6.38%	118/4706, 2.51%	0.0003
90	Terpenoid metabolic process	10/235, 4.26%	78/4706, 1.66%	0.0072
91	Isopentenyl diphosphate metabolic process	15/235, 6.38%	96/4706, 2.04%	0.0000
92	Carboxylic acid biosynthetic process	32/235, 13.62%	328/4706, 6.97%	0.0001
93	Carboxylic acid metabolic process	69/235, 29.36%	712/4706, 15.13%	0.0000
94	Positive regulation of cellular biosynthetic process	9/235, 3.83%	79/4706, 1.68%	0.0292
95	Positive regulation of metabolic process	15/235, 6.38%	171/4706, 3.63%	0.0307
96	Positive regulation of nitrogen compound metabolic process	9/235, 3.83%	79/4706, 1.68%	0.0292
97	Plastid organization	19/235, 8.09%	140/4706, 2.97%	0.0000
98	Chloroplast organization	17/235, 7.23%	94/4706, 2.00%	0.0000
99	Metallo-sulfur cluster as sembly	10/235, 4.26%	46/4706, 0.98%	0.0000
100	Iron-sulfur cluster as sembly	10/235, 4.26%	46/4706, 0.98%	0.0000
101	Phenol-containing compound metabolic process	6/235, 2.55%	30/4706, 0.64%	0.0029
102	Salicylic acid metabolic process	6/235, 2.55%	28/4706, 0.59%	0.0017
103	Phenol-containing compound biosynthetic process	6/235, 2.55%	29/4706, 0.62%	0.0022
104	Tetrapyrrole metabolic process	12/235, 5.11%	87/4706, 1.85%	0.0012
105	Tetrapyrrole biosynthetic process	12/235, 5.11%	67/4706, 1.42%	0.0000
106	Porphyrin-containing compound metabolic process	12/235, 5.11%	86/4706, 1.83%	0.0010
107	Benzene-containing compound metabolic process	7/235, 2.98%	42/4706, 0.89%	0.0049
108	Pyridine-containing compound metabolic process	17/235, 7.23%	168/4706, 3.57%	0.0039
109	Pyridine nucleotide metabolic process	17/235, 7.23%	164/4706, 3.48%	0.0028

续表

NO.	GO-term	Cluster frequency	Protein frequency of use	P 值*
110	Cofactor metabolic process	36/235, 15.32%	353/4706, 7.50%	0.0000
111	Chlorophyll metabolic process	11/235, 4.68%	67/4706, 1.42%	0.0003
112	Porphyrin-containing compound biosynthetic process	12/235, 5.11%	63/4706, 1.34%	0.0000
113	Coenzyme metabolic process	25/235, 10.64%	279/4706, 5.93%	0.0034
114	Oxidoreduction coenzyme metabolic process	18/235, 7.66%	175/4706, 3.72%	0.0023
115	Cofactor biosynthetic process	18/235, 7.66%	152/4706, 3.23%	0.0003
116	Cellular biosynthetic process	97/235, 41.28%	1529/4706, 32.49%	0.0052
117	Glycerophospholipid biosynthetic process	6/235, 2.55%	40/4706, 0.85%	0.0212
118	Isopentenyl diphosphate biosynthetic process	15/235, 6.38%	96/4706, 2.04%	0.0000
119	Terpenoid biosynthetic process	9/235, 3.83%	75/4706, 1.59%	0.0198
120	Cellular polysaccharide metabolic process	17/235, 7.23%	183/4706, 3.89%	0.0111
121	Cellular glucan metabolic process	17/235, 7.23%	153/4706, 3.25%	0.0011
122	Cellular hormone metabolic process	4/235, 1.70%	18/4706, 0.38%	0.0138
123	Photosynthesis	23/235, 9.79%	174/4706, 3.70%	0.0000
124	Generation of precursor metabolites and energy	22/235, 9.36%	246/4706, 5.23%	0.0063
125	Cellular carbohydrate metabolic process	22/235, 9.36%	270/4706, 5.74%	0.0215
126	Glucose 6-phosphate metabolic process	12/235, 5.11%	96/4706, 2.04%	0.0017
127	Organophosphate metabolic process	40/235, 17.02%	459/4706, 9.75%	0.0003
128	Organophosphate biosynthetic process	26/235, 11.06%	279/4706, 5.93%	0.0014
129	Protein folding	17/235, 7.23%	130/4706, 2.76%	0.0001
130	Carbohydrate metabolic process	39/235, 16.60%	577/4706, 12.26%	0.0496
131	Polysaccharide metabolic process	18/235, 7.66%	208/4706, 4.42%	0.0203
132	Glucan metabolic process	17/235, 7.23%	153/4706, 3.25%	0.0011
133	Cellular amino acid metabolic process	28/235, 11.91%	322/4706, 6.84%	0.0031
134	Cellular amino acid biosynthetic process	17/235, 7.23%	183/4706, 3.89%	0.0111
135	Organic hydroxy compound biosynthetic process	13/235, 5.53%	112/4706, 2.38%	0.0027
136	Carbohydrate derivative metabolic process	37/235, 15.74%	481/4706, 10.22%	0.0070

NO.	GO-term	Cluster frequency	Protein frequency of use	P 值*
137	Organonitrogen compound metabolic process	72/235, 30.64%	1017/4706, 21.61%	0.0011
138	Organonitrogen compound biosynthetic process	51/235, 21.70%	714/4706, 15.17%	0.0069
139	Organic substance biosynthetic process	101/235, 42.98%	1606/4706, 34.13%	0.0054
140	Biosynthetic process	110/235, 46.81%	1694/4706, 36.00%	0.0008
141	Regulation of biological quality	20/235, 8.51%	221/4706, 4.70%	0.0081
142	Homeostatic process	11/235, 4.68%	112/4706, 2.38%	0.0271
143	Response to water	8/235, 3.40%	45/4706, 0.96%	0.0012
144	Response to water deprivation	8/235, 3.40%	44/4706, 0.93%	0.0010
145	Response to stress	47/235, 20.00%	641/4706, 13.62%	0.0058
146	Defense response	16/235, 6.81%	195/4706, 4.14%	0.0486
147	Response to oxidative stress	10/235, 4.26%	98/4706, 2.08%	0.0262
148	Establishment of protein localization to chloroplast	6/235, 2.55%	27/4706, 0.57%	0.0013

附表2 百合感病无性系和抗病无性系接种尖孢镰刀菌48h后的差异蛋白GO富集分析

NO.	GO-term	Cluster frequency	Protein frequency of use	P 值*
Cellular component				
1	Membrane protein complex	49/630, 7.78%	186/3808, 4.88%	0.0027
2	Plasma membrane protein complex	7/630, 1.11%	15/3808, 0.39%	0.0386
3	Membrane coat	18/630, 2.86%	38/3808, 1.00%	0.0001
4	Vesicle coat	10/630, 1.59%	16/3808, 0.42%	0.0011
5	Intracellular organelle part	248/630, 39.37%	1221/3808, 32.06%	0.0003
6	Cytoplasmic vesicle part	10/630, 1.59%	23/3808, 0.60%	0.0159
7	Cytoplasmic vesicle membrane	10/630, 1.59%	23/3808, 0.60%	0.0159
8	Plastid thylakoid	38/630, 6.03%	150/3808, 3.94%	0.0157
9	Organelle envelope	92/630, 14.60%	359/3808, 9.43%	0.0001
10	Plastid envelope	77/630, 12.22%	248/3808, 6.51%	0.0000
11	Golgi-associated vesicle	6/630, 0.95%	12/3808, 0.32%	0.0463
12	Plastid part	153/630, 24.29%	536/3808, 14.08%	0.0000
13	Chloroplast part	149/630, 23.65%	522/3808, 13.71%	0.0000
14	Plastid stroma	81/630, 12.86%	279/3808, 7.33%	0.0000
15	Stromule	9/630, 1.43%	20/3808, 0.53%	0.0193
16	Plant-type vacuole	6/630, 0.95%	12/3808, 0.32%	0.0463

续表

NO.	GO-term	Cluster frequency	Protein frequency of use	P 值*
17	Plastid	240/630, 38.10%	1133/3808, 29.75%	0.0000
18	Chloroplast	212/630, 33.65%	886/3808, 23.27%	0.0000
19	Coated vesicle	10/630, 1.59%	23/3808, 0.60%	0.0159
20	Vesicle membrane	10/630, 1.59%	23/3808, 0.60%	0.0159
21	Transport vesicle membrane	6/630, 0.95%	10/3808, 0.26%	0.0205
22	Coated vesicle membrane	10/630, 1.59%	19/3808, 0.50%	0.0041
23	Chloroplast envelope	70/630, 11.11%	234/3808, 6.14%	0.0000
24	Chloroplast thylakoid	38/630, 6.03%	150/3808, 3.94%	0.0157
25	Organelle part	248/630, 39.37%	1223/3808, 32.12%	0.0003
26	Protein complex	109/630, 17.30%	521/3808, 13.68%	0.0159
27	Phosphopyruvate hydratase complex	4/630, 0.63%	4/3808, 0.11%	0.0165
28	Apoplast	21/630, 3.33%	71/3808, 1.86%	0.0165
29	Envelope	93/630, 14.76%	360/3808, 9.45%	0.0000
30	Cytoplasmic part	482/630, 76.51%	2710/3808, 71.17%	0.0057
31	Cytoplasm	529/630, 83.97%	2942/3808, 77.26%	0.0002
32	Thylakoid	55/630, 8.73%	208/3808, 5.46%	0.0013
33	Cytosol	103/630, 16.35%	456/3808, 11.97%	0.0022
34	Golgi-associated vesicle membrane	6/630, 0.95%	11/3808, 0.29%	0.0316
35	Coated membrane	18/630, 2.86%	38/3808, 1.00%	0.0001
36	Chloroplast stroma	81/630, 12.86%	271/3808, 7.12%	0.0000
Molecular function				
37	Hydrolase activity, acting on acid anhydride, catalyzing transmembrane movement of substance	21/722, 2.91%	68/4483, 1.52%	0.0074
38	ATPase activity, coupled to transmembrane movement of substance	20/722, 2.77%	65/4483, 1.45%	0.0094
39	Primary active transmembrane transporter activity	21/722, 2.91%	73/4483, 1.63%	0.0165
40	P-P-bond-hydrolysis-driven transmembrane transporter activity	21/722, 2.91%	73/4483, 1.63%	0.0165
41	Electron carrier activity	20/722, 2.77%	66/4483, 1.47%	0.0111
42	Binding	470/722, 65.10%	2675/4483, 59.67%	0.0056
43	Organic cyclic compound binding	308/722, 42.66%	1681/4483, 37.50%	0.0081
44	Flavin adenine dinucleotide binding	14/722, 1.94%	43/4483, 0.96%	0.0189

续表

NO.	GO-term	Cluster frequency	Protein frequency of use	P 值*
45	NAD binding	15/722, 2.08%	49/4483, 1.09%	0.0259
46	ATP binding	122/722, 16.90%	623/4483, 13.90%	0.0326
47	Tetrapyrrole binding	32/722, 4.43%	92/4483, 2.05%	0.0001
48	Chlorophyll binding	9/722, 1.25%	19/4483, 0.42%	0.0114
49	Heme binding	23/722, 3.19%	72/4483, 1.61%	0.0033
50	Unfolded protein binding	20/722, 2.77%	38/4483, 0.85%	0.0000
51	Cofactor binding	50/722, 6.93%	229/4483, 5.11%	0.0443
52	Coenzyme binding	38/722, 5.26%	164/4483, 3.66%	0.0383
53	Heterocyclic compound binding	308/722, 42.66%	1680/4483, 37.47%	0.0078
54	Adenyl ribonucleotide binding	122/722, 16.90%	624/4483, 13.92%	0.0340
55	Ion binding	315/722, 43.63%	1695/4483, 37.81%	0.0029
56	Cation binding	178/722, 24.65%	921/4483, 20.54%	0.0120
57	Metal ion binding	175/722, 24.24%	913/4483, 20.37%	0.0176
58	Magnesium ion binding	17/722, 2.35%	52/4483, 1.16%	0.0092
59	Ligase activity	48/722, 6.65%	178/4483, 3.97%	0.0011
60	Ligase activity, forming carbon-oxygen bond	25/722, 3.46%	44/4483, 0.98%	0.0000
61	Ligase activity, forming aminoacyl-tRNA and related compound	25/722, 3.46%	44/4483, 0.98%	0.0000
62	Aminoacyl-tRNA ligase activity	25/722, 3.46%	44/4483, 0.98%	0.0000
63	Carbon-carbon lyase activity	17/722, 2.35%	56/4483, 1.25%	0.0191
64	Fructose-bisphosphate aldolase activity	5/722, 0.69%	7/4483, 0.16%	0.0177
65	Phosphopyruvate hydratase activity	4/722, 0.55%	4/4483, 0.09%	0.0144
66	Transferase activity, transferring nitrogenous groups	10/722, 1.39%	29/4483, 0.65%	0.0328
67	transaminase activity	10/722, 1.39%	29/4483, 0.65%	0.0328
68	Phospho transferase activity, carboxyl group as acceptor	5/722, 0.69%	8/4483, 0.18%	0.0303
69	oxidoreductase activity	144/722, 19.94%	660/4483, 14.72%	0.0003
70	oxidoreductase activity, acting on peroxide as acceptor	18/722, 2.49%	50/4483, 1.12%	0.0025
71	Peroxidase activity	18/722, 2.49%	49/4483, 1.09%	0.0020
72	oxidoreductase activity, acting on the CH-CH group of donors, NAD or NADP as acceptor	16/722, 2.22%	55/4483, 1.23%	0.0335

续表

NO.	GO-term	Cluster frequency	Protein frequency of use	P 值*
73	Oxidoreductase activity, acting on the aldehyde or oxo group of donors	12/722, 1.66%	31/4483, 0.69%	0.0075
74	Oxidoreductase activity, acting on the aldehyde or oxo group of donors, NAD or NADP as acceptor	11/722, 1.52%	26/4483, 0.58%	0.0051
75	Intramolecular oxidoreductase activity, transposing S-S bonds	4/722, 0.55%	4/4483, 0.09%	0.0144
76	Protein disulfide isomerase activity	4/722, 0.55%	4/4483, 0.09%	0.0144
77	Antioxidant activity	23/722, 3.19%	63/4483, 1.41%	0.0005
Biological process				
78	Anther development	6/777, 0.77%	11/4706, 0.23%	0.0313
79	Single-organism process	546/777, 70.27%	2896/4706, 61.54%	0.0000
80	Fluid transport	12/777, 1.54%	34/4706, 0.72%	0.0200
81	Water transport	12/777, 1.54%	34/4706, 0.72%	0.0200
82	Single-organism metabolic process	419/777, 53.93%	2023/4706, 42.99%	0.0000
83	Single-organism carbohydrate metabolic process	116/777, 14.93%	421/4706, 8.95%	0.0000
84	Disaccharide metabolic process	24/777, 3.09%	85/4706, 1.81%	0.0177
85	Single-organism carbohydrate catabolic process	36/777, 4.63%	89/4706, 1.89%	0.0000
86	Glycolytic process	29/777, 3.73%	61/4706, 1.30%	0.0000
87	Monosaccharide metabolic process	34/777, 4.38%	118/4706, 2.51%	0.0033
88	Hexose metabolic process	32/777, 4.12%	97/4706, 2.06%	0.0005
89	Monosaccharide biosynthetic process	17/777, 2.19%	58/4706, 1.23%	0.0337
90	Carbohydrate biosynthetic process	65/777, 8.37%	244/4706, 5.18%	0.0004
91	Cellular carbohydrate biosynthetic process	40/777, 5.15%	165/4706, 3.51%	0.0254
92	Polysaccharide biosynthetic process	40/777, 5.15%	157/4706, 3.34%	0.0119
93	Pigment metabolic process	43/777, 5.53%	147/4706, 3.12%	0.0007
94	Pigment biosynthetic process	39/777, 5.02%	124/4706, 2.63%	0.0003
95	Chlorophyll biosynthetic process	18/777, 2.32%	47/4706, 1.00%	0.0017
96	Carotenoid biosynthetic process	23/777, 2.96%	59/4706, 1.25%	0.0003
97	Carbon fixation	7/777, 0.90%	11/4706, 0.23%	0.0075
98	Small molecule metabolic process	268/777, 34.49%	1102/4706, 23.42%	0.0000
99	Small molecule biosynthetic process	96/777, 12.36%	449/4706, 9.54%	0.0151
100	Organic acid biosynthetic process	70/777, 9.01%	328/4706, 6.97%	0.0424

续表

NO.	GO-term	Cluster frequency	Protein frequency of use	P 值[*]
101	Organic acid metabolic process	196/777, 25.23%	730/4706, 15.51%	0.0000
102	Oxo acid metabolic process	195/777, 25.10%	729/4706, 15.49%	0.0000
103	Nucleobase-containing small molecule metabolic process	93/777, 11.97%	339/4706, 7.20%	0.0000
104	Nucleoside metabolic process	43/777, 5.53%	151/4706, 3.21%	0.0012
105	Nucleoside phosphate metabolic process	88/777, 11.33%	313/4706, 6.65%	0.0000
106	Glycosinolate biosynthetic process	10/777, 1.29%	28/4706, 0.59%	0.0312
107	Glycosinolate metabolic process	11/777, 1.42%	33/4706, 0.70%	0.0386
108	Glucosinolate metabolic process	11/777, 1.42%	33/4706, 0.70%	0.0386
109	Single-organism biosynthetic process	207/777, 26.64%	963/4706, 20.46%	0.0001
110	S-glycoside biosynthetic process	10/777, 1.29%	28/4706, 0.59%	0.0312
111	Lipid biosynthetic process	77/777, 9.91%	314/4706, 6.67%	0.0012
112	Phospholipid biosynthetic process	34/777, 4.38%	131/4706, 2.78%	0.0161
113	Isoprenoid biosynthetic process	49/777, 6.31%	162/4706, 3.44%	0.0001
114	Cellular aldehyde metabolic process	56/777, 7.21%	208/4706, 4.42%	0.0008
115	Glyceraldehyde-3-phosphate metabolic process	52/777, 6.69%	165/4706, 3.51%	0.0000
116	Pentose-phosphate shunt	31/777, 3.99%	95/4706, 2.02%	0.0007
117	Isopentenyl diphosphate biosynthetic process, methylerythritol 4-phosphate pathway	30/777, 3.86%	94/4706, 2.00%	0.0012
118	Oxidation-reduction process	142/777, 18.28%	639/4706, 13.58%	0.0005
119	Energy derivation by oxidation of organic compound	17/777, 2.19%	60/4706, 1.27%	0.0451
120	Single-organism catabolic process	81/777, 10.42%	324/4706, 6.88%	0.0005
121	Lipid metabolic process	99/777, 12.74%	456/4706, 9.69%	0.0090
122	Cellular lipid metabolic process	88/777, 11.33%	371/4706, 7.88%	0.0013
123	Isoprenoid metabolic process	51/777, 6.56%	165/4706, 3.51%	0.0000
124	Phospholipid metabolic process	39/777, 5.02%	145/4706, 3.08%	0.0054
125	Glycosyl compound metabolic process	54/777, 6.95%	185/4706, 3.93%	0.0001
126	S-glycoside metabolic process	11/777, 1.42%	33/4706, 0.70%	0.0386
127	Purine nucleoside metabolic process	43/777, 5.53%	127/4706, 2.70%	0.0000
128	Ribonucleoside metabolic process	43/777, 5.53%	146/4706, 3.10%	0.0006
129	Single-organism cellular process	445/777, 57.27%	2242/4706, 47.64%	0.0000
130	Cellular homeostasis	27/777, 3.47%	89/4706, 1.89%	0.0045

续表

NO.	GO-term	Cluster frequency	Protein frequency of use	P 值*
131	Cell redox homeostasis	18/777, 2.32%	57/4706, 1.21%	0.0140
132	Maltose metabolic process	17/777, 2.19%	59/4706, 1.25%	0.0391
133	Cellular polysaccharide biosynthetic process	37/777, 4.76%	148/4706, 3.14%	0.0207
134	Glucan biosynthetic process	35/777, 4.50%	118/4706, 2.51%	0.0017
135	Terpenoid metabolic process	25/777, 3.22%	78/4706, 1.66%	0.0030
136	Unsaturated fatty acid metabolic process	10/777, 1.29%	24/4706, 0.51%	0.0209
137	Isopentenyl diphosphate metabolic process	31/777, 3.99%	96/4706, 2.04%	0.0008
138	Nucleoside diphosphate metabolic process	29/777, 3.73%	66/4706, 1.40%	0.0000
139	Nucleoside monophosphate metabolic process	38/777, 4.89%	121/4706, 2.57%	0.0004
140	Nucleoside triphosphate metabolic process	34/777, 4.38%	103/4706, 2.19%	0.0003
141	Nucleotide metabolic process	88/777, 11.33%	310/4706, 6.59%	0.0000
142	Carboxylic acid biosynthetic process	70/777, 9.01%	328/4706, 6.97%	0.0424
143	Carboxylic acid metabolic process	189/777, 24.32%	712/4706, 15.13%	0.0000
144	Plastid membrane organization	13/777, 1.67%	42/4706, 0.89%	0.0431
145	Thylakoid membrane organization	13/777, 1.67%	42/4706, 0.89%	0.0431
146	Positive regulation of catalytic activity	22/777, 2.83%	80/4706, 1.70%	0.0306
147	Regulation of protein metabolic process	28/777, 3.60%	92/4706, 1.95%	0.0036
148	Regulation of cellular protein metabolic process	24/777, 3.09%	88/4706, 1.87%	0.0261
149	Regulation of cellular amide metabolic process	14/777, 1.80%	40/4706, 0.85%	0.0128
150	Regulation of translation	14/777, 1.80%	40/4706, 0.85%	0.0128
151	Plant epidermis morphogenesis	13/777, 1.67%	41/4706, 0.87%	0.0360
152	Plant epidermis development	22/777, 2.83%	80/4706, 1.70%	0.0306
153	Plastid organization	42/777, 5.41%	140/4706, 2.97%	0.0005
154	Chloroplast organization	32/777, 4.12%	94/4706, 2.00%	0.0003
155	Reactive oxygen species metabolic process	23/777, 2.96%	70/4706, 1.49%	0.0032
156	Tetrapyrrole metabolic process	23/777, 2.96%	87/4706, 1.85%	0.0407
157	Tetrapyrrole biosynthetic process	19/777, 2.45%	67/4706, 1.42%	0.0337
158	Porphyrin-containing compound metabolic process	23/777, 2.96%	86/4706, 1.83%	0.0361

续表

NO.	GO-term	Cluster frequency	Protein frequency of use	P 值*
159	Purine-containing compound biosynthetic process	17/777, 2.19%	60/4706, 1.27%	0.0451
160	Purine-containing compound metabolic process	49/777, 6.31%	157/4706, 3.34%	0.0001
161	Purine nucleotide metabolic process	45/777, 5.79%	134/4706, 2.85%	0.0000
162	Pyridine-containing compound metabolic process	61/777, 7.85%	168/4706, 3.57%	0.0000
163	Pyridine nucleotide metabolic process	61/777, 7.85%	164/4706, 3.48%	0.0000
164	Cofactor metabolic process	100/777, 12.87%	353/4706, 7.50%	0.0000
165	Chlorophyll metabolic process	22/777, 2.83%	67/4706, 1.42%	0.0040
166	Porphyrin-containing compound biosynthetic process	19/777, 2.45%	63/4706, 1.34%	0.0186
167	Coenzyme metabolic process	81/777, 10.42%	279/4706, 5.93%	0.0000
168	Oxidoreduction coenzyme metabolic process	62/777, 7.98%	175/4706, 3.72%	0.0000
169	Sulfur compound metabolic process	44/777, 5.66%	193/4706, 4.10%	0.0474
170	Sulfur amino acid metabolic process	23/777, 2.96%	88/4706, 1.87%	0.0456
171	Cysteine metabolic process	14/777, 1.80%	40/4706, 0.85%	0.0128
172	Cellular biosynthetic process	284/777, 36.55%	1529/4706, 32.49%	0.0258
173	Amide biosynthetic process	76/777, 9.78%	348/4706, 7.39%	0.0211
174	Isopentenyl diphosphate biosynthetic process	31/777, 3.99%	96/4706, 2.04%	0.0008
175	Terpenoid biosynthetic process	23/777, 2.96%	75/4706, 1.59%	0.0077
176	Translation	73/777, 9.40%	326/4706, 6.93%	0.0142
177	Photorespiration	17/777, 2.19%	52/4706, 1.10%	0.0121
178	Ncrna metabolic process	44/777, 5.66%	165/4706, 3.51%	0.0036
179	Cellular glucan metabolic process	39/777, 5.02%	153/4706, 3.25%	0.0130
180	Photosynthesis	61/777, 7.85%	174/4706, 3.70%	0.0000
181	Photosynthesis, light reaction	35/777, 4.50%	113/4706, 2.40%	0.0008
182	Photosystem II as sembly	16/777, 2.06%	54/4706, 1.15%	0.0360
183	Cellular amide metabolic process	80/777, 10.30%	373/4706, 7.93%	0.0262
184	Peptide metabolic process	75/777, 9.65%	343/4706, 7.29%	0.0214
185	Generation of precursor metabolites and energy	84/777, 10.81%	246/4706, 5.23%	0.0000
186	ATP generation from ADP	29/777, 3.73%	61/4706, 1.30%	0.0000
187	Cellular carbohydrate metabolic process	63/777, 8.11%	270/4706, 5.74%	0.0104

续表

NO.	GO-term	Cluster frequency	Protein frequency of use	P 值*
188	Ribose phosphate metabolic process	75/777, 9.65%	261/4706, 5.55%	0.0000
189	Glucose 6-phosphate metabolic process	31/777, 3.99%	96/4706, 2.04%	0.0008
190	Organophosphate metabolic process	121/777, 15.57%	459/4706, 9.75%	0.0000
191	Organophosphate biosynthetic process	61/777, 7.85%	279/4706, 5.93%	0.0396
192	Protein folding	34/777, 4.38%	130/4706, 2.76%	0.0145
193	Carbohydrate metabolic process	132/777, 16.99%	577/4706, 12.26%	0.0003
194	Carbohydrate catabolic process	43/777, 5.53%	116/4706, 2.46%	0.0000
195	Glucan metabolic process	39/777, 5.02%	153/4706, 3.25%	0.0130
196	Cellular amino acid metabolic process	85/777, 10.94%	322/4706, 6.84%	0.0001
197	Amino acid activation	23/777, 2.96%	43/4706, 0.91%	0.0000
198	tRNA aminoacylation	23/777, 2.96%	43/4706, 0.91%	0.0000
199	Glutamine family amino acid metabolic process	15/777, 1.93%	37/4706, 0.79%	0.0023
200	Serine family amino acid metabolic process	21/777, 2.70%	65/4706, 1.38%	0.0060
201	Tricarboxylic acid cycle	10/777, 1.29%	27/4706, 0.57%	0.0245
202	Organic substance catabolic process	110/777, 14.16%	471/4706, 10.01%	0.0005
203	Organonitrogen compound catabolic process	25/777, 3.22%	93/4706, 1.98%	0.0272
204	Carbohydrate derivative metabolic process	130/777, 16.73%	481/4706, 10.22%	0.0000
205	Ribonucleotide metabolic process	45/777, 5.79%	169/4706, 3.59%	0.0033
206	Organonitrogen compound metabolic process	229/777, 29.47%	1017/4706, 21.61%	0.0000
207	Peptide biosynthetic process	73/777, 9.40%	331/4706, 7.03%	0.0196
208	Organonitrogen compound biosynthetic process	144/777, 18.53%	714/4706, 15.17%	0.0169
209	Organic substance biosynthetic process	298/777, 38.35%	1606/4706, 34.13%	0.0219
210	Catabolic process	123/777, 15.83%	535/4706, 11.37%	0.0004
211	Biosynthetic process	315/777, 40.54%	1694/4706, 36.00%	0.0149
212	Regulation of biological quality	54/777, 6.95%	221/4706, 4.70%	0.0077
213	Homeostatic process	30/777, 3.86%	112/4706, 2.38%	0.0160
214	Positive regulation of molecular function	22/777, 2.83%	80/4706, 1.70%	0.0306
215	Response to stress	127/777, 16.34%	641/4706, 13.62%	0.0427
216	Response to oxidative stress	28/777, 3.60%	98/4706, 2.08%	0.0088

续表

NO.	GO-term	Cluster frequency	Protein frequency of use	P 值*
217	Response to abiotic stimulus	93/777, 11.97%	427/4706, 9.07%	0.0107
218	Response to light stimulus	44/777, 5.66%	187/4706, 3.97%	0.0299
219	Response to red or far red light	26/777, 3.35%	80/4706, 1.70%	0.0020
220	Response to blue light	8/777, 1.03%	19/4706, 0.40%	0.0421
221	Cellular carbohydrate metabolic process	63/777, 8.11%	270/4706, 5.74%	0.0104

附表3 百合抗病无性系和抗病无性系接种尖孢镰刀菌48h后的差异蛋白GO富集分析

NO.	GO-term	Cluster frequency	Protein frequency of use	P 值*
Cellular component				
1	Vacuole	8/52, 15.38%	185/3808, 4.86%	0.0017
2	Extracellular region	7/52, 13.46%	156/3808, 4.10%	0.0028
Molecular function				
3	Heme binding	4/72, 5.56%	72/4483, 1.61%	0.0330
4	Cofactor binding	9/72, 12.50%	229/4483, 5.11%	0.0114
5	Oxidoreductase activity	17/72, 23.61%	660/4483, 14.72%	0.0354
6	Oxidoreductase activity, acting on the CH-OH group of donors	6/72, 8.33%	109/4483, 2.43%	0.0053
7	Oxidoreductase activity, acting on the CH-OH group of donors, NAD or NADP as acceptor	5/72, 6.94%	96/4483, 2.14%	0.0192
8	Antioxidant activity	4/72, 5.56%	63/4483, 1.41%	0.0160
Biological process				
9	Single-organism carbohydrate catabolic process	7/74, 9.46%	89/4706, 1.89%	0.0000
10	Glycolytic process	5/74, 6.76%	61/4706, 1.30%	0.0005
11	Oxidation-reduction process	18/74, 24.32%	639/4706, 13.58%	0.0077
12	Nucleoside diphosphate metabolic process	5/74, 6.76%	66/4706, 1.40%	0.0010
13	Nucleoside triphosphate metabolic process	5/74, 6.76%	103/4706, 2.19%	0.0258
14	ATP generation from ADP	5/74, 6.76%	61/4706, 1.30%	0.0005
15	Protein folding	7/74, 9.46%	130/4706, 2.76%	0.0021
16	Carbohydrate metabolic process	16/74, 21.62%	577/4706, 12.26%	0.0154
17	Carbohydrate catabolic process	8/74, 10.81%	116/4706, 2.46%	0.0000

附表4 百合感病无性系和感病无性系接种尖孢镰刀菌 48h 后的差异蛋白 GO 富集分析

NO.	GO-term	Cluster frequency	Protein frequency of use	P 值*
Cellular Component				
1	Symplast	23/356，6.46%	120/3808，3.15%	0.0010
2	Plasmodesma	23/356，6.46%	120/3808，3.15%	0.0010
3	Membrane part	85/356，23.88%	636/3808，16.70%	0.0006
4	Membrane protein complex	43/356，12.08%	186/3808，4.88%	0.0000
5	Plasma membrane protein complex	6/356，1.69%	15/3808，0.39%	0.0038
6	Membrane coat	20/356，5.62%	38/3808，1.00%	0.0000
7	Vesicle coat	10/356，2.81%	16/3808，0.42%	0.0000
8	AP-type membrane coat adaptor complex	5/356，1.40%	11/3808，0.29%	0.0050
9	Clathrin adaptor complex	5/356，1.40%	11/3808，0.29%	0.0050
10	Clathrin coat	7/356，1.97%	18/3808，0.47%	0.0017
11	Photosystem	10/356，2.81%	43/3808，1.13%	0.0140
12	Photosystem II	7/356，1.97%	28/3808，0.74%	0.0332
13	Plasma membrane part	7/356，1.97%	24/3808，0.63%	0.0131
14	Cytoplasmic vesicle part	10/356，2.81%	23/3808，0.60%	0.0000
15	Cytoplasmic vesicle membrane	10/356，2.81%	23/3808，0.60%	0.0000
16	Golgi-associated vesicle	6/356，1.69%	12/3808，0.32%	0.0008
17	Plant-type vacuole	5/356，1.40%	12/3808，0.32%	0.0081
18	Coated vesicle	10/356，2.81%	23/3808，0.60%	0.0000
19	Transport vesicle	6/356，1.69%	13/3808，0.34%	0.0014
20	Vesicle membrane	10/356，2.81%	23/3808，0.60%	0.0000
21	Bounding membrane of organelle	38/356，10.67%	275/3808，7.22%	0.0181
22	Transport vesicle membrane	6/356，1.69%	10/3808，0.26%	0.0002
23	Coated vesicle membrane	10/356，2.81%	19/3808，0.50%	0.0000
24	Macromolecular complex	101/356，28.37%	811/3808，21.30%	0.0020
25	Translation preinitiation complex	5/356，1.40%	16/3808，0.42%	0.0343
26	Eukaryotic 43S preinitiation complex	5/356，1.40%	15/3808，0.39%	0.0253
27	Protein complex	83/356，23.31%	521/3808，13.68%	0.0000
28	Proteasome complex	11/356，3.09%	48/3808，1.26%	0.0052
29	Plasma membrane	33/356，9.27%	211/3808，5.54%	0.0042
30	Cytosol	66/356，18.54%	456/3808，11.97%	0.0003
31	Cell periphery	49/356，13.76%	323/3808，8.48%	0.0008

续表

NO.	GO-term	Cluster frequency	Protein frequency of use	P 值*
32	Membrane	145/356, 40.73%	1171/3808, 30.75%	0.0001
33	Golgi-associated vesicle membrane	6/356, 1.69%	11/3808, 0.29%	0.0004
34	COPI-coated vesicle membrane	4/356, 1.12%	8/3808, 0.21%	0.0105
35	Coated membrane	20/356, 5.62%	38/3808, 1.00%	0.0000
36	Whole membrane	30/356, 8.43%	192/3808, 5.04%	0.0066
37	Cell junction	23/356, 6.46%	120/3808, 3.15%	0.0010
38	Cell-cell junction	23/356, 6.46%	120/3808, 3.15%	0.0010
39	COPI-coated vesicle	4/356, 1.12%	8/3808, 0.21%	0.0105
Molecular function				
40	Transporter activity	39/412, 9.47%	226/4483, 5.04%	0.0001
41	Transmembrane transporter activity	27/412, 6.55%	166/4483, 3.70%	0.0044
42	Substrate-specific transmembrane transporter activity	20/412, 4.85%	132/4483, 2.94%	0.0325
43	Ion transmembrane transporter activity	18/412, 4.37%	111/4483, 2.48%	0.0217
44	Cation transmembrane transporter activity	14/412, 3.40%	85/4483, 1.90%	0.0382
45	ATPase activity, coupled to transmembrane movement of ion	14/412, 3.40%	44/4483, 0.98%	0.0000
46	Hydrolase activity, acting on acid anhydride, catalyzing transmembrane movement of substance	21/412, 5.10%	68/4483, 1.52%	0.0000
47	ATPase activity, coupled to transmembrane movement of substance	21/412, 5.10%	65/4483, 1.45%	0.0000
48	Active transmembrane transporter activity	24/412, 5.83%	96/4483, 2.14%	0.0000
49	Primary active transmembrane transporter activity	22/412, 5.34%	73/4483, 1.63%	0.0000
50	P-P-bond-hydrolysis-driven transmembrane transporter activity	22/412, 5.34%	73/4483, 1.63%	0.0000
51	Organo phosphateester transmembrane transporter activity	4/412, 0.97%	10/4483, 0.22%	0.0252
52	Substrate-specific transporter activity	26/412, 6.31%	160/4483, 3.57%	0.0053
53	Binding	277/412, 67.23%	2675/4483, 59.67%	0.0027
54	Organic cyclic compound binding	177/412, 42.96%	1681/4483, 37.50%	0.0287
55	Nucleoside phosphate binding	120/412, 29.13%	1088/4483, 24.27%	0.0287

续表

NO.	GO-term	Cluster frequency	Protein frequency of use	P 值*
56	Nucleotide binding	120/412, 29.13%	1088/4483, 24.27%	0.0287
57	Purine nucleotide binding	99/412, 24.03%	778/4483, 17.35%	0.0007
58	Ribonucleotide binding	100/412, 24.27%	780/4483, 17.40%	0.0005
59	Purine ribonucleoside triphosphate binding	99/412, 24.03%	758/4483, 16.91%	0.0003
60	ATP binding	86/412, 20.87%	623/4483, 13.90%	0.0001
61	Nucleoside binding	100/412, 24.27%	764/4483, 17.04%	0.0002
62	Purine nucleoside binding	99/412, 24.03%	758/4483, 16.91%	0.0003
63	Purine ribonucleoside binding	99/412, 24.03%	758/4483, 16.91%	0.0003
64	Ribonucleoside binding	100/412, 24.27%	764/4483, 17.04%	0.0002
65	Translation factor activity, RNA binding	14/412, 3.40%	87/4483, 1.94%	0.0464
66	Enzyme binding	9/412, 2.18%	40/4483, 0.89%	0.0236
67	GTPase binding	7/412, 1.70%	14/4483, 0.31%	0.0002
68	Small GTPase binding	7/412, 1.70%	14/4483, 0.31%	0.0002
69	Unfolded protein binding	10/412, 2.43%	38/4483, 0.85%	0.0043
70	Small molecule binding	122/412, 29.61%	1128/4483, 25.16%	0.0475
71	Purine ribonucleotide binding	99/412, 24.03%	759/4483, 16.93%	0.0003
72	Adenyl nucleotide binding	86/412, 20.87%	642/4483, 14.32%	0.0003
73	Heterocyclic compound binding	177/412, 42.96%	1680/4483, 37.47%	0.0281
74	Carbohydrate derivative binding	101/412, 24.51%	790/4483, 17.62%	0.0005
75	Adenyl ribonucleotide binding	86/412, 20.87%	624/4483, 13.92%	0.0001
76	Ion binding	201/412, 48.79%	1695/4483, 37.81%	0.0000
77	Anion binding	117/412, 28.40%	930/4483, 20.75%	0.0003
78	Cation binding	111/412, 26.94%	921/4483, 20.54%	0.0023
79	Metal ion binding	108/412, 26.21%	913/4483, 20.37%	0.0052
80	Calcium ion binding	17/412, 4.13%	105/4483, 2.34%	0.0262
81	Hydrolase activity, acting on acid anhydride	48/412, 11.65%	324/4483, 7.23%	0.0012
82	Hydrolase activity, acting on acid anhydride, in phosphorus-containing anhydride	47/412, 11.41%	316/4483, 7.05%	0.0012
83	Pyrophosphatase activity	47/412, 11.41%	314/4483, 7.00%	0.0011
84	Ligase activity	27/412, 6.55%	178/4483, 3.97%	0.0123

NO.	GO-term	Cluster frequency	Protein frequency of use	P 值*
85	Ligase activity, forming carbon-oxygen bond	13/412, 3.16%	44/4483, 0.98%	0.0002
86	Ligase activity, forming aminoacyl-tRNA and related compounds	13/412, 3.16%	44/4483, 0.98%	0.0002
87	Aminoacyl-tRNA ligase activity	13/412, 3.16%	44/4483, 0.98%	0.0002
88	Ligase activity, forming carbon-sulfur bond	6/412, 1.46%	23/4483, 0.51%	0.0402
89	Transferase activity, transferring glycosyl groups	26/412, 6.31%	162/4483, 3.61%	0.0064
90	Transferase activity, transferring hexosyl groups	22/412, 5.34%	94/4483, 2.10%	0.0000
91	Glucosyltransferase activity	13/412, 3.16%	44/4483, 0.98%	0.0002
92	UDP-glycosyl transferase activity	12/412, 2.91%	59/4483, 1.32%	0.0095
93	UDP-glucosyl transferase activity	12/412, 2.91%	40/4483, 0.89%	0.0003
94	Oxidoreductase activity, acting on single donors within corporation of molecular oxygen, incorporation of two atoms of oxygen	5/412, 1.21%	14/4483, 0.31%	0.0163
Biological process				
95	Single-organism process	292/433, 67.44%	2896/4706, 61.54%	0.0155
96	Ion transmembrane transport	14/433, 3.23%	85/4706, 1.81%	0.0387
97	Single-organism metabolic process	217/433, 50.12%	2023/4706, 42.99%	0.0042
98	Single-organism carbohydrate metabolic process	71/433, 16.40%	421/4706, 8.95%	0.0000
99	Disaccharide metabolic process	14/433, 3.23%	85/4706, 1.81%	0.0387
100	Glycosylation	12/433, 2.77%	55/4706, 1.17%	0.0049
101	Macromolecule glycosylation	12/433, 2.77%	50/4706, 1.06%	0.0018
102	Glycogen metabolic process	5/433, 1.15%	7/4706, 0.15%	0.0003
103	Single-organism carbohydrate catabolic process	16/433, 3.70%	89/4706, 1.89%	0.0111
104	Glycolytic process	11/433, 2.54%	61/4706, 1.30%	0.0350
105	Carbohydrate biosynthetic process	41/433, 9.47%	244/4706, 5.18%	0.0002
106	Cellular carbohydrate biosynthetic process	28/433, 6.47%	165/4706, 3.51%	0.0019
107	Polysaccharide biosynthetic process	26/433, 6.00%	157/4706, 3.34%	0.0041
108	Carbon fixation	5/433, 1.15%	11/4706, 0.23%	0.0045
109	Small molecule metabolic process	124/433, 28.64%	1102/4706, 23.42%	0.0147

续表

NO.	GO-term	Cluster frequency	Protein frequency of use	P 值*
110	Ethanolamine-containing compound metabolic process	4/433, 0.92%	10/4706, 0.21%	0.0254
111	Nucleoside metabolic process	23/433, 5.31%	151/4706, 3.21%	0.0206
112	Single-organism biosynthetic process	109/433, 25.17%	963/4706, 20.46%	0.0210
113	Nucleoside phosphate biosynthetic process	20/433, 4.62%	125/4706, 2.66%	0.0183
114	Nucleotide biosynthetic process	20/433, 4.62%	123/4706, 2.61%	0.0152
115	Glycosyl compound biosynthetic process	15/433, 3.46%	88/4706, 1.87%	0.0235
116	Nucleoside biosynthetic process	11/433, 2.54%	58/4706, 1.23%	0.0236
117	Energy derivation by oxidation of organic compounds	12/433, 2.77%	60/4706, 1.27%	0.0112
118	Energy reserve metabolic process	5/433, 1.15%	7/4706, 0.15%	0.0003
119	Glycosyl compound metabolic process	27/433, 6.24%	185/4706, 3.93%	0.0210
120	Purine nucleoside metabolic process	21/433, 4.85%	127/4706, 2.70%	0.0104
121	Ribonucleoside metabolic process	23/433, 5.31%	146/4706, 3.10%	0.0136
122	Histone modification	13/433, 3.00%	72/4706, 1.53%	0.0215
123	Histone methylation	12/433, 2.77%	50/4706, 1.06%	0.0018
124	Histone lysine methylation	10/433, 2.31%	38/4706, 0.81%	0.0044
125	Histone H3-K9 modification	10/433, 2.31%	26/4706, 0.55%	0.0001
126	Histone H3-K9 methylation	10/433, 2.31%	23/4706, 0.49%	0.0000
127	Single-organism cellular process	244/433, 56.35%	2242/4706, 47.64%	0.0005
128	Cytokinesis	8/433, 1.85%	34/4706, 0.72%	0.0271
129	Cytokinetic process	7/433, 1.62%	29/4706, 0.62%	0.0369
130	Cytoskeleton-dependent cytokinesis	7/433, 1.62%	29/4706, 0.62%	0.0369
131	Mitotic cytokinetic process	7/433, 1.62%	29/4706, 0.62%	0.0369
132	Mitotic cell cycle process	11/433, 2.54%	51/4706, 1.08%	0.0079
133	Mitotic cytokinesis	7/433, 1.62%	29/4706, 0.62%	0.0369
134	Gene silencing	15/433, 3.46%	84/4706, 1.78%	0.0150
135	Chromatin silencing	9/433, 2.08%	42/4706, 0.89%	0.0332
136	Sucrose metabolic process	8/433, 1.85%	17/4706, 0.36%	0.0001
137	Cellular polysaccharide biosynthetic process	25/433, 5.77%	148/4706, 3.14%	0.0037
138	Glucan biosynthetic process	22/433, 5.08%	118/4706, 2.51%	0.0016
139	Inorganicion transmembrane transport	10/433, 2.31%	56/4706, 1.19%	0.0477

NO.	GO-term	Cluster frequency	Protein frequency of use	P 值*
140	Cation transmembrane transport	13/433, 3.00%	65/4706, 1.38%	0.0083
141	Nucleoside monophosphate metabolic process	20/433, 4.62%	121/4706, 2.57%	0.0126
142	Protein glycosylation	12/433, 2.77%	50/4706, 1.06%	0.0018
143	Mitotic cell cycle	13/433, 3.00%	76/4706, 1.61%	0.0342
144	Post transcriptional regulation of gene expression	15/433, 3.46%	84/4706, 1.78%	0.0150
145	Regulation of gene expression, epigenetic	15/433, 3.46%	83/4706, 1.76%	0.0133
146	Cytoskeleton organization	17/433, 3.93%	104/4706, 2.21%	0.0242
147	Chromosome organization	25/433, 5.77%	173/4706, 3.68%	0.0300
148	Chromatin organization	18/433, 4.16%	119/4706, 2.53%	0.0441
149	DNA conformation change	10/433, 2.31%	46/4706, 0.98%	0.0207
150	Negative regulation of gene expression, epigenetic	9/433, 2.08%	42/4706, 0.89%	0.0332
151	Purine-containing compound biosynthetic process	12/433, 2.77%	60/4706, 1.27%	0.0112
152	Purine-containing compound metabolic process	25/433, 5.77%	157/4706, 3.34%	0.0086
153	Purine nucleotide metabolic process	23/433, 5.31%	134/4706, 2.85%	0.0044
154	Cellular polysaccharide catabolic process	5/433, 1.15%	16/4706, 0.34%	0.0316
155	Cellular macromolecule biosynthetic process	98/433, 22.63%	856/4706, 18.19%	0.0229
156	Translation alelongation	10/433, 2.31%	43/4706, 0.91%	0.0123
157	Glycoprotein biosynthetic process	12/433, 2.77%	50/4706, 1.06%	0.0018
158	Macromolecule methylation	18/433, 4.16%	117/4706, 2.49%	0.0375
159	Protein methylation	12/433, 2.77%	59/4706, 1.25%	0.0096
160	Glycoprotein metabolic process	12/433, 2.77%	51/4706, 1.08%	0.0023
161	Cellular polysaccharide metabolic process	33/433, 7.62%	183/4706, 3.89%	0.0002
162	Cellular glucan metabolic process	30/433, 6.93%	153/4706, 3.25%	0.0001
163	Photosynthesis	26/433, 6.00%	174/4706, 3.70%	0.0175
164	Generation of precursor metabolites and energy	33/433, 7.62%	246/4706, 5.23%	0.0354
165	ATP generation from ADP	11/433, 2.54%	61/4706, 1.30%	0.0350
166	Cellular carbohydrate metabolic process	49/433, 11.32%	270/4706, 5.74%	0.0000

续表

NO.	GO-term	Cluster frequency	Protein frequency of use	P 值*
167	Carbohydrate metabolic process	88/433, 20.32%	577/4706, 12.26%	0.0000
168	Carbohydrate catabolic process	19/433, 4.39%	116/4706, 2.46%	0.0167
169	Polysaccharide metabolic process	34/433, 7.85%	208/4706, 4.42%	0.0013
170	Glucan metabolic process	30/433, 6.93%	153/4706, 3.25%	0.0001
171	Protein catabolic process	22/433, 5.08%	143/4706, 3.04%	0.0211
172	Proteasomal protein catabolic process	9/433, 2.08%	42/4706, 0.89%	0.0332
173	Cellular amino acid metabolic process	41/433, 9.47%	322/4706, 6.84%	0.0412
174	Amino acid activation	13/433, 3.00%	43/4706, 0.91%	0.0002
175	tRNA aminoacylation	13/433, 3.00%	43/4706, 0.91%	0.0002
176	Glutamine family amino acid metabolic process	9/433, 2.08%	37/4706, 0.79%	0.0137
177	Macromolecule catabolic process	31/433, 7.16%	207/4706, 4.40%	0.0089
178	Macromolecule biosynthetic process	100/433, 23.09%	868/4706, 18.44%	0.0179
179	Organic substance catabolic process	58/433, 13.39%	471/4706, 10.01%	0.0265
180	Carbohydrate derivative metabolic process	58/433, 13.39%	481/4706, 10.22%	0.0391
181	Ribonucleotide metabolic process	26/433, 6.00%	169/4706, 3.59%	0.0119
182	Carbohydrate derivative biosynthetic process	37/433, 8.55%	215/4706, 4.57%	0.0002
183	Organic substance biosynthetic process	171/433, 39.49%	1606/4706, 34.13%	0.0247
184	Peptidyl-lysine methylation	10/433, 2.31%	39/4706, 0.83%	0.0055
185	Biosynthetic process	181/433, 41.80%	1694/4706, 36.00%	0.0163
186	Response to freezing	7/433, 1.62%	20/4706, 0.42%	0.0033
187	Response to abiotic stimulus	52/433, 12.01%	427/4706, 9.07%	0.0444
188	Response to radiation	27/433, 6.24%	197/4706, 4.19%	0.0456
189	Response to light stimulus	26/433, 6.00%	187/4706, 3.97%	0.0425
190	Establishment of localization	96/433, 22.17%	856/4706, 18.19%	0.0413
191	Establishment of localization in cell	54/433, 12.47%	388/4706, 8.24%	0.0027
192	Intracellular transport	49/433, 11.32%	338/4706, 7.18%	0.0018
193	Intracellular protein transport	38/433, 8.78%	251/4706, 5.33%	0.0029
194	Establishment of protein localization	47/433, 10.85%	344/4706, 7.31%	0.0078
195	Protein transport	46/433, 10.62%	342/4706, 7.27%	0.0114
196	Transport	94/433, 21.71%	823/4706, 17.49%	0.0282

续表

NO.	GO-term	Cluster frequency	Protein frequency of use	P 值*
197	Organic substance transport	55/433, 12.70%	430/4706, 9.14%	0.0152
198	Vesicle-mediated transport	35/433, 8.08%	181/4706, 3.85%	0.0000
199	Macromolecule localization	52/433, 12.01%	394/4706, 8.37%	0.0101
200	Protein localization	47/433, 10.85%	352/4706, 7.48%	0.0120
201	Cellular protein localization	39/433, 9.01%	254/4706, 5.40%	0.0019
202	Cellular macromolecule localization	39/433, 9.01%	254/4706, 5.40%	0.0019
203	Cellular localization	54/433, 12.47%	395/4706, 8.39%	0.0040

图　　版

图 1-1　百合枯萎病症状

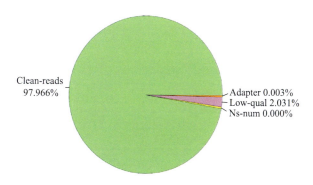

图 6-4　原始数据过滤情况（Reads）

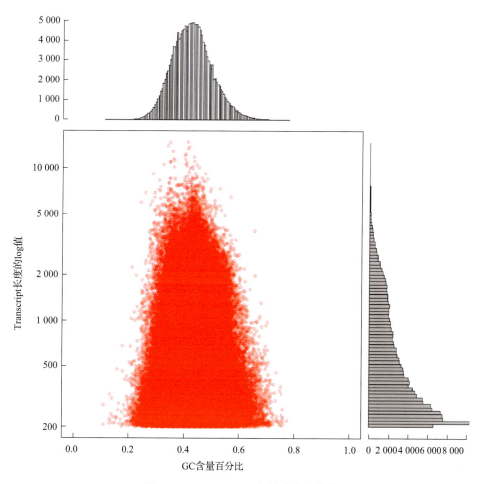

图 6-5　Transcript GC 与长度分布统计

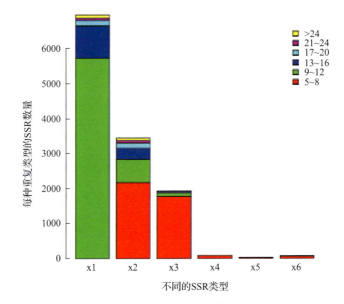

图 6-10 SSR 分布图

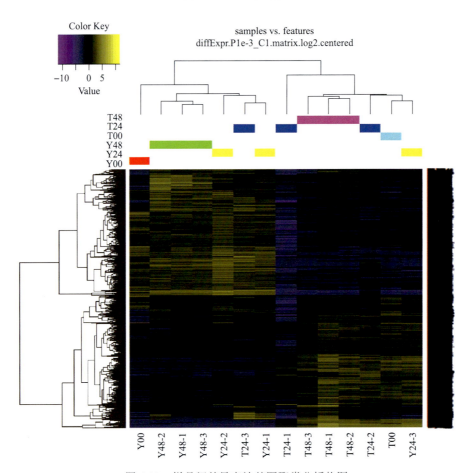

图 6-11 样品间差异表达基因聚类分析热图

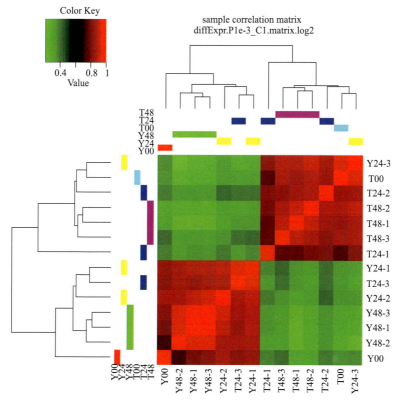

图 6-12 样品相关性分析(差异基因)

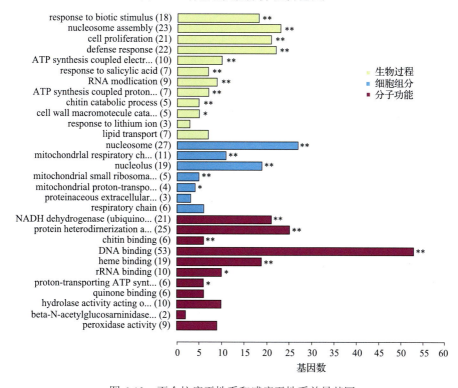

图 6-13 百合抗病无性系和感病无性系差异基因

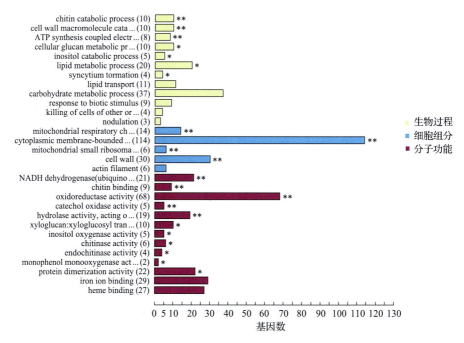

图 6-14　百合抗病无性系和感病无性系接种尖孢镰刀菌 48h 后的差异基因

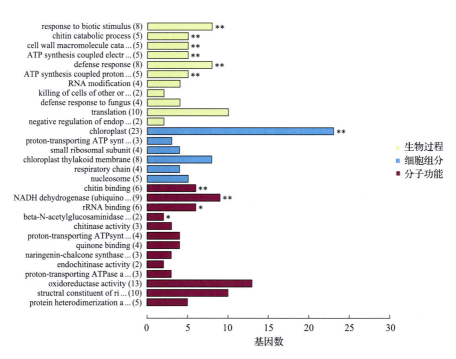

图 6-15　百合感病无性系接种尖孢镰刀菌 24h 后的差异基因

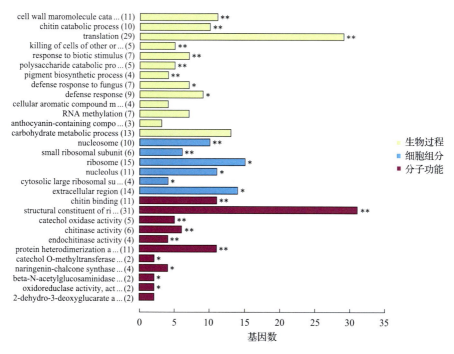

图 6-16　百合感病无性系接种尖孢镰刀菌 48h 后的差异基因

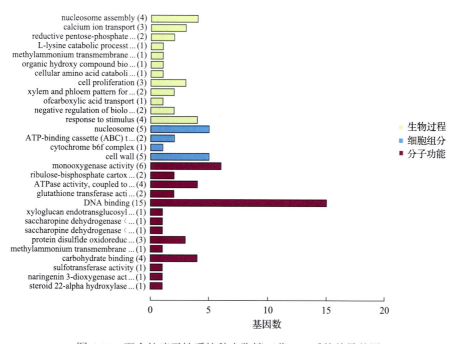

图 6-17　百合抗病无性系接种尖孢镰刀菌 24h 后的差异基因

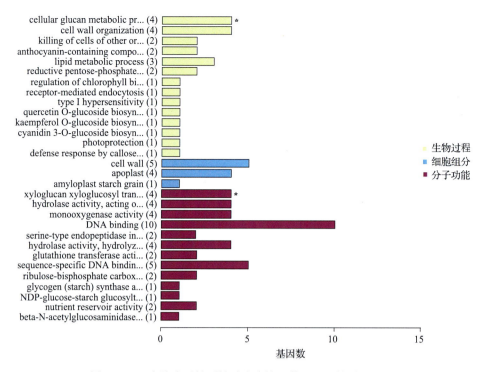

图 6-18　百合抗病无性系接种尖孢镰刀菌 48h 后的差异基因